家居装修
从入门到精通

设计实战指南

李江军　编

机械工业出版社
CHINA MACHINE PRESS

本书为《家居装修从入门到精通》套书中的"设计实战指南"篇，"设计实战指南"篇的主要内容包括装饰风格、空间界面、全屋收纳、色彩搭配和软装设计五个部分，对家装设计过程中的风格确定、空间设计、软装设计、细部搭配等环节做了内容丰富、层次清晰、简洁易懂的介绍和解读，从整体到局部全面地介绍了家装设计所需的步骤和思路。本书通过图文并茂的方式降低阅读门槛，增加了阅读的趣味性和内容的直观性，是一本适合家装行业相关人士和相关专业爱好者的实用工具书。

图书在版编目（CIP）数据

家居装修从入门到精通.1，设计实战指南 / 李江军编.—北京：机械工业出版社，2021.3
ISBN 978-7-111-67720-8

Ⅰ.①家⋯　Ⅱ.①李⋯　Ⅲ.①住宅－室内装修－建筑设计　Ⅳ.①TU767

中国版本图书馆CIP数据核字（2021）第040629号

机械工业出版社（北京市百万庄大街22号　邮政编码100037）
策划编辑：赵　荣　责任编辑：赵　荣
责任校对：刘时光　封面设计：鞠　杨
责任印制：孙　炜
北京联兴盛业印刷股份有限公司印刷
2021年4月第1版第1次印刷
184mm×260mm·　25.5印张·　583千字
标准书号：ISBN 978-7-111-67720-8
定价：99.00元（含2册）

电话服务　　　　　　　　　网络服务
客服电话：010-88361066　　机　工　官　网：www.cmpbook.com
　　　　　010-88379833　　机　工　官　博：weibo.com/cmp1952
　　　　　010-68326294　　金　书　网：www.golden-book.com
封底无防伪标均为盗版　　机工教育服务网：www.cmpedu.com

1

家居装修从入门到精通
设计实战指南

装饰风格

第一节　北欧风格

一、北欧风格起源

北欧风格在 20 世纪 50 年代发源于北欧的芬兰、挪威、瑞典、冰岛和丹麦，这些国家靠近北极寒冷地带，原生态的自然资源相当丰富，对于这些国家的记忆符号，立刻可以想到冰天雪地，还有北极熊，以及原生态的森林。

由于户外极寒的天气，使得北欧人只能长期生活在户内，从而造就了他们各种丰富且熟练的民族工艺传统。简单实用，就地取材，以及大量使用原木与动物的皮毛，形成了最初的北欧风符号特点。在这个漫长的过程中，北欧人与现代工业化生产并没有形成对立，相反采取了包容的态度，很好地保障了北欧制造的特性和人文。

随着现代工业化的发展，北欧风格还是保留了当初最早的特点——自然、简单、清新，其中自然系的北欧风仍延续到今天。不过，北欧风最初的简洁还在不断发展当中，现如今的北欧风不再局限于当初的就地取材上，工业化的金属以及新材料，都被应用到北欧风格中。

△　漫长的冬季和冰天雪地是北欧国家给人的第一印象

△　大量使用原木与动物的皮毛作为空间的装饰元素

△　大面积的原生态森林满足了北欧风格常以原木为主导的环保设计理念

二、北欧风格设计特点

北欧风格的主要特征是极简，及对功能性的强调，并且对后来的极简主义、简约主义、后现代等风格都有直接的影响。在 20 世纪风起云涌的工业设计浪潮中，北欧风格简洁又不失气质的特点被推向了高峰。北欧风格大体分为两种，一种是充满现代造型线条的现代风格，另一种是崇尚自然、乡间质朴的自然风格。

多数北欧的房子是由砖墙创建而成，非常有怀旧风情与历史氛围。为了防止过重的积雪压塌房顶，北欧的建筑都以尖顶、坡顶为主，室内可见原木制成的梁、檩、椽等建筑构件。在北欧风格的家居环境中基本上都使用的是未经精细加工的原木。这种木材最大限度地保留了木材的原始色彩和质感，有很独特的装饰效果。除了善用木材之外，还有石材、玻璃和铁艺等都是在北欧风格中经常运用到的装饰材料。

此外，北欧风格非常注重采光，也许是为了在北欧漫长的冬季也能有良好的光照，大多数北欧风格的房屋都选择了大扇的窗户甚至落地窗。

北欧风格善于利用材料自身的特点，展现出简约的设计美感以及以人为本的设计理念，摒弃了过于刻板的几何造型和过于浮华的无用装饰。此外，北欧风格的家居装饰还体现出了对传统元素的尊重、对天然材料的欣赏以及对空间装饰的理性与克制，并且在形式以及功能上力求统一，表达出了现代家居绿色环保以及可持续发展的设计理念。

△ 尖顶或坡顶是北欧建筑的特点之一

△ 木材是北欧建筑中最为广泛应用的材料

三、北欧风格色彩搭配

北欧的气候相对于其他地区来说更加寒冷，所以北欧人就想到用色彩来装饰空间，大部分家庭会使用大面积的纯色来进行装修，颜色与原木色比较接近。在色相的选择上偏向如白色、米色、浅木色等淡色基调，给人以干净明朗的感觉，绝无杂乱之感。此外，一些高饱和度的纯色，如黑色、柠檬黄、薄荷绿可用来作为北欧家居中的点缀色。

◆ 米白色

北欧风格空间中，米白色是较为常见的色彩，拥有白色的单纯，同时又不会让人觉得十分的单调，清冷。这样的颜色更容易让人接受，同时也可以更好地进行家具搭配。

◆ 清新绿色

用绿色搭配白色，会让空间显得清新自然。由浅到深的渐变绿，一方面丰富了空间里色彩的层次，同一色系也不会显得杂乱。另一方面墨绿给白色和其他深色之间起到了过渡作用，加强了空间的整体感，而且绿色与北欧元素的原木色搭配也十分协调。

◆ 黑白色

在北欧地区，冬季会出现极夜，日照时间较短。因此阳光非常宝贵，而居室内的纯白色调，能够最大程度地反弹光线，将这有限的光源充分利用起来，形成了美轮美奂的北欧装饰风格。黑色则是最为常用的辅助色，常见于软装的搭配上。

◆ 亮色点缀

运用亮色作为点缀色也是北欧风格常见的一种色彩搭配方案。例如以浅色为背景墙的客厅，如果仅仅使用原木色的搭配，突显不出色彩的特色，这时选用色彩鲜艳的家具或饰品进行搭配，可增加空间的层次感和亮度。

四、北欧风格家具特征

北欧风格家具大多出自那些著名的家具设计大师之手，形式上可分为原始的纯北欧家具、改革的新北欧家具、时代性的现代北欧家具。在设计上分为瑞典设计、挪威设计、芬兰设计、丹麦设计等，每种设计风格均有它的个性。

◆ 贴近自然的材质

使用原木是北欧风格家具的灵魂，北欧人习惯就地取材，常选用桦木、枫木、橡木、松木等木料，将原木自然的纹理、色泽和质感完全地融入家具中，并且不会选用颜色太深的色调，以浅淡、干净的色彩为主，最大程度地保留了北欧风格自然温馨的浪漫气息。

◆ 流畅明快的几何线条

北欧风格家具崇尚简约之美，因而在工艺方面也极力使家具的线条流畅明快。在北欧风格家具中，很少发现线条复杂的造型，主要是以直线和必要的弧线为主，过于复杂的曲线几乎是看不到的。桌子、椅子、沙发、茶几等外形虽不花哨，却相当实用耐看。

◆ 艺术性与实用性相结合

北欧家具的尺寸以低矮为主，在设计方面，多数不使用雕花、人工纹饰，但形式多样，具有简洁、功能化且贴近自然的特点。不仅将各种实用的功能符合实际地融入简单的造型之中，从人体工程学角度进行考量与设计，强调家具与人体接触的曲线准确吻合，使用起来更加舒服惬意。

五、北欧风格布艺织物应用

北欧风格是一种比较清新雅致的格调，最终完成的装饰效果也尽显青春气息，所以一般深受很多年轻人喜欢。想要打造成一个北欧风格的空间，还是需要精心搭配窗帘、地毯、床品以及抱枕等软装布艺，通过巧妙的色彩以及材质的选择，让空间更具有颜值美。

◆ 窗帘

白色、灰色系的窗帘是百搭款，简单又清新，只要搭配得宜，窗帘上出现大块的高纯度鲜艳色彩也是北欧风格中特别适用的。如果觉得纯色窗帘过于单调又不喜繁杂的设计，那么可以尝试一下拼色窗帘。

◆ 地毯

北欧风格的地毯有很多选择，一些简单图案和线条感强的地毯可以起到不错的装饰效果。黑白两色的搭配是配色中最常用的，同时也是北欧风格地毯经常会使用到的颜色 。

◆ 床品

北欧风的卧室中常常采用单一色彩的床品，多以白色、灰色等色彩来搭配空间中大量的白墙和木色家具，形成很好的融合感。如果觉得单色的床品比较单调乏味，可以挑选暗藏简单几何纹样的淡色面料来做搭配，会让空间氛围显得活泼生动一些。

◆ 抱枕

经典的北欧风格抱枕图案包括黑白格子、条纹、几何图案的拼凑、花卉、树叶、鸟类、人物、粗十字、英文字母 logo 等，材质从棉麻、针织到丝绒不等，不同图案、不同颜色、不同材质的混搭效果更好。

六、北欧风格常用软装饰品

北欧风格秉承着少中见多的理念，选择精妙的饰品加上合理的摆设可以将现代时尚设计思想与传统北欧文化相结合，既强调了实用因素又强调了人文因素，从而使室内环境产生一种富有北欧风情的家居氛围。

◆ 质感清新自然的摆件

除了以植物盆栽、相框、蜡烛、玻璃瓶、线条清爽的雕塑进行装饰，围绕蜡烛而设计的各种烛灯、烛杯、烛盘、烛托和烛台也是北欧风格的一大特色，它们可以应用于任何房间，给寒冷的北欧带来一丝温暖。

◆ 鹿头挂件

20世纪，打猎运动风靡欧洲，人们喜欢把猎来的动物制成标本，挂在客厅，以向客人展示自己的能力、勇气和打猎技术。这种习惯延至今日，如今提倡保护动物，鹿头多为以铜、铁等金属或木质、树脂为材料的工艺品。

◆ 墙面挂盘

墙面挂盘也能表现北欧风格崇尚简洁、自然、人性化的特点，可以选择简洁的白底，搭配海蓝鱼元素，清新纯净；也可将麋鹿图样的组合挂盘挂置于沙发背景墙，为家增添了一股迷人的神秘色彩。

◆ 接近几何形态的绿植

北欧风格花器基本上以玻璃和陶瓷材质为主，偶尔会出现金属材质或者木质的花器。花器的造型基本呈几何形，如立方体、圆柱体、倒圆锥体或者不规则体。北欧风格的植物更加的蓬勃扎实，形态接近几何形，低饱和度色彩的花束以及绿植都是完美的组合。

◆ 现代抽象装饰画

以简约著称的北欧风，既有回归自然崇尚原木的韵味，也有与时俱进的时尚艺术感，装饰画的选择也应符合这个原则，最常见的是充满现代抽象感的画作，内容可以是字母、马头形状或者人像，再配以简而细的画框，非常利于营造自然清新的北欧风情。

法式风格

一、法式风格起源

16 世纪的法国室内装饰多由意大利接触过雕刻工艺的手艺人和工匠完成。而到了 17 世纪，浪漫主义由意大利传入法国，并成为室内设计主流风格。17 世纪的法国室内装饰是历史上最丰富的，并在整整三个世纪内主导了欧洲潮流，而此时其国内主要的室内装饰都由成名的建筑师和设计师来主持。到了法国路易十五时代，欧洲的贵族艺术发展到顶峰，并形成了以法国为发源地的洛可可风格，一种以追求秀雅轻盈，显示出妩媚纤细特征的法国家居风格形成了。

随着时代的发展，当代表着宫廷贵族生活的巴洛克，洛可可走向极致的时候，也在孕育着它最终的终结者。庞贝古城的发现，掀起了欧洲人对希腊、罗马艺术的浓厚兴趣，并延伸到家居领域，带来了新古典主义的盛行。法式新古典主义早在 18 世纪 50 年代就在建

△ 法国路易十四时期建造的凡尔赛宫室内装饰极其豪华富丽，是当时法国乃至欧洲的贵族活动中心、艺术中心和文化时尚的发源地

△ 巴黎圣母院高耸挺拔，辉煌壮丽，它是巴黎第一座哥特式建筑，开创了欧洲建筑史先河

筑的室内装饰和家具上有所体现，但是真正大规模应用和推广还是在 1754~1793 年的路易十六统治时期以及拿破仑统治时期。

二、法式风格设计特点

法式风格装饰题材多以自然植物为主，使用变化丰富的卷草纹样、蚌壳般的曲线、舒卷缠绕着的蔷薇和弯曲的棕榈。为了更接近自然，一般尽量避免使用水平的直线，而用多变的曲线和涡卷形象，它们的构图不是完全对称，每一条边和角都可能是不对称的，变化极为丰富，令人眼花缭乱，有自然主义倾向。

传统法式风格家具追求极致的装饰，在雕花、贴金箔、手绘上力求精益求精，粉红、粉白、粉蓝灰色的色彩搭配漆金的堆砌小雕花，充满贵族气质；法式新古典主义继承了传统法式家具的苗条身段，无论是柜体、沙发还是床的腿部都呈轻微弧度，轻盈雅致；法式田园风格充满了淳朴的气息，一些怀旧装饰物展现给人的是居住者的怀旧情怀，其家具尺寸一般比较纤巧，材料以樱桃木居多。

△ 传统法式风格

△ 法式新古典风格

△ 法式田园风格

三、法式风格色彩搭配

法式风格推崇自然，不矫揉造作的用色，例如蓝色、绿色、紫色等，再搭配清新自然的象牙白和奶白色。此外，营造优雅而奢华的法式氛围还需要适当地运用装饰色彩，如金、紫、红等，渲染出一种柔和高雅的气质。

◆ 华丽金色

法式空间中较喜欢用金色突显金碧辉煌的装饰效果。金色有着光芒四射的魅力，用在家居中可以很好地起到吸睛作用。无论是作为大面积背景存在还是作为饰品或点缀小比例空间，辉煌而华丽的色泽会令空间的气场更上一层楼。

◆ 优雅白色

白色纯洁、柔和而又高雅，往往在法式风格的室内环境中作为背景色使用。纯白由于太纯粹而显得冷峻，法式风格中的白色通常只是接近白的颜色，既有白色的纯净，也有容易亲近的柔和感，例如象牙白、乳白等，既带有岁月的沧桑感，而且还能让人感受到温暖与厚度。

◆ 浪漫紫色

紫色本身就是精致、浪漫的代名词，著名的薰衣草之乡普罗旺斯就在法国。但用紫色来表现优雅、高贵等积极印象时，要特别注意纯度的把握。

◆ 高贵蓝色

蓝色是法国国旗色之一，也是法式风格的象征色。法式风格中常用带有点灰色的蓝，总能让空间散发优雅时尚的气息，为彰显其色彩特性，可使用相近色做搭配，透过深浅渐层堆叠出视觉焦点，让这股优雅时尚持续下去。

四、法式风格家具特征

  法式家具线条上一般采用带有一点弧度的流线形设计，如沙发的沙发脚、扶手处，桌子的桌腿，床的床头、床脚等，边角处一般都会雕刻精致的花纹，尤其是桌椅角、床头、床尾等部分的精致雕刻，从细节处体现出法式家具的高贵典雅。一些更精致的雕花会采用描银、描金处理，金、银的加入让家具整体除了精致更显出贵气。

◆ 法式巴洛克家具

  巴洛克家具主要是宫廷家具，以桃花心木为主要材质，完全采用纯手工精致雕刻，保留了典雅的造型与细腻的线条感。椅座及椅背分别有坐垫设计，均以华丽的锦缎织成，以增加坐时的舒适感，造型上利用多变的曲面使家具的腿部呈 S 形弯曲。

◆ 法式洛可可家具

  洛可可家具带有女性的柔美，最明显的特点是以芭蕾舞动作为原型的椅子腿，可以感受到那种秀气和高雅，那种融于家具当中的优美，注重体现曲线的特色。其靠背，扶手，椅腿大都采用细致、典雅的雕花，椅背的顶梁都有与玲珑起伏涡卷纹的精巧结合，椅腿采用弧弯式并配有兽爪抓球式椅脚，处处展现与众不同。

◆ 法式新古典家具

  法式新古典家具摒弃了始于洛可可风格时期的繁复装饰，追求简洁自然之美的同时保留欧式家具的线条轮廓特征。设计上以直线和矩形为造型基础，把椅子、桌子、床的腿变成了雕有直线的凹槽的圆柱，脚端又有类似水果的球体，减少了青铜镀金面饰，较多地采用了嵌木细工、镶嵌、漆饰等装饰手法。

◆ 法式田园家具

  法式田园风格中常用的是象牙白的家具、手绘家具、碎花的布艺家具、雕刻嵌花图案的家具、仿旧家具和铁艺家具。类型上一般选用的是四柱床、梳妆台、斗柜还有木质的橱柜，一般都是以木质为主。

五、法式风格布艺织物应用

传统法式空间中，采用金色、银色描边或一些浓重色调的布艺，色彩对比强烈，而法式新古典的布艺花色则要淡雅和柔美许多。法式田园风格布艺崇尚自然，把当时中国式花瓶上的一些花鸟蔓藤元素融入其中，以纤巧、细致、浮夸的曲线和不对称的装饰为特点，布艺上还常饰以甜美的小碎花图案。

◆ 窗帘

◎ 巴洛克风格窗帘的材质有很多的选择，例如镶嵌金丝、银丝、水钻、珠光的华丽织锦、绣面、丝缎、薄纱、天然棉麻等，多选用金色或酒红色这两种沉稳的颜色用于面料配色。

◎ 洛可可风格热衷于应用天鹅绒和浮花织棉，其窗帘依然饰以镶缀和饰珠，也沿用巴洛克时期的垂纬、流苏等。

◎ 法式新古典风格的窗帘在色彩上可选用深红色、棕色、香槟银、暗黄以及褐色等。面料以纯棉、麻质等自然舒适的面料为主。

◎ 法式田园风格的窗帘常将两种不同的面料进行组合，例如亚麻布与棉布等，并且大多选择铁艺窗帘杆进行搭配。

◆ 地毯

在法式传统风格的空间中，法国的萨伏内里地毯和奥比松地毯一直都是首选；而法式田园风格的地毯最好选择色彩相对淡雅的图案，采用棉、羊毛或者现代化纤编织。植物花卉纹样是地毯纹样中较为常见的一种，能给大空间带来丰富饱满的效果。

◆ 床品

◎ 巴洛克风格的床品多采用大马士革、佩斯利图案，风格上体现出精致、大方、庄严、稳重的特点。此外也可采用非常纯粹的艺术化图案构成别具一格的巴洛克风格床品。

◎ 法式洛可可风格的床品以丝质面料为主，色调淡雅而浪漫，与房间整体布艺色调一致。

◎ 法式新古典风格床品经常出现一些艳丽、明亮的色彩，材质上经常会使用一些光鲜的面料，例如真丝、钻石绒等。

◎ 法式田园风格床品常用天然或者漂白的亚麻布，经常出现白底红蓝条纹和格子图案。

六、法式风格常用软装饰品

传统法式家居不仅华美高贵，同时也洋溢着一种文化气息，因此雕塑、烛台等是不可缺少的饰品，也可以在墙面上悬挂一些具有典型代表的油画。法式田园风格中配饰的设计随意质朴，一般采用自然材质、手工制品以及素雅的暖色，强调自然、舒适、环保的法式特色。

◆ 提升空间艺术气息的摆件

传统法式风格端庄典雅、高贵华丽，摆件通常选择精美繁复、高贵奢华的镀金镀银器或描有繁复花纹的描金瓷器，大多带有复古的宫廷尊贵感。烛台与蜡烛的搭配也是法式家居中非常点睛的装饰。此外，法式风格中通常用组合型的金属烛台搭配丰富的花艺，并以精美的油画作为背景，营造高贵典雅的氛围。

◆ 呈现墙面视觉美感的挂件

◎ 法式巴洛克时期最为常见的挂件就是金属雕花挂镜、华丽的壁毯，以及带有雕刻复杂且镀金的画框的油画。

◎ 法式洛可可时期的挂件包括镀金挂钟和挂镜，具有中式艺术风格的瓷质小塑像和装饰性镀金挂镜是洛可可时期标志性的饰品。

◎ 法式新古典风格的常见的墙饰有挂镜、壁烛台、挂钟等。其中挂镜一般以长方形为主，有时也呈现出椭圆形，其顶端往往布满浮雕雕刻并饰以打结式的丝带。

◎ 法式田园风格的挂件表面一般都显露出岁月的痕迹，如壁毯、挂镜以及挂钟等，其中尺寸夸张的铁艺挂钟往往成为空间的视觉焦点。

◆ 富有法式情调的装饰画

法式风格装饰画擅于采用油画，以著名的历史人物为设计灵感，再加上精雕的金属外框，使得整幅装饰画兼具古典美与高贵感。除了经典人物画像的装饰画，法式风格空间也可以将装饰画用花卉的形式表现出来，表现出极为灵动的生命气息。

◆ 表现高贵典雅气质的花艺

◎法式巴洛克的花艺通常布置得十分丰富、饱满，呈对称的半卵形，花色对比强烈，并且让花枝和藤蔓四溢，如同油画创作般精心布置。

◎法式洛可可风格的花艺造型特征为非对称并充满S形曲线，基本呈酥松的椭圆形。花材往往纤弱轻盈，花色比较淡雅，精致，通常选用单色鲜花。

◎早期的法式新古典风格花艺高挑细长，色调偏冷，常加入金色点缀；发展到新古典主义的后期，花艺的尺寸庞大而笨重，整体造型呈三角形，而且花色较为浓艳。

◎法式田园风格的花艺常用一些插在壶中的香草和鲜花来表现，如果家里增加一些薰衣草的装饰，那就是对法式浪漫风情的最佳表达。

美式风格

一、美式风格起源

美式风格指的是来自于美国的室内装饰风格。众所周知，美国是一个典型殖民地国家，也是一个新移民国家。由于 16 世纪的美国曾受到西欧各国相继入侵，因而美国文化受到欧洲贵族、地主、资产阶级、劳动人民以及黑人等在移民的过程中带来的各自不同国家地域的文化、历史、建筑、艺术甚至生活习惯等多方面影响。久而久之，这些不同的文化和风土人情开始相互吸收，相互融合，从而产生一种独特的美国文化。同样，美式家居也深受这种多民族共同生活的方式的影响，所以很多美式风格家居中都能看到欧洲文化的历史缩影。美国人传承了这些欧洲文化的精华，更把亚洲、塔希提、印度等文化融入居家生活中，又加上了自身文化的特点，渐渐地形成独特的美式居家风格。

△ 作为美国国鸟的白头海雕

△ 象征美国精神文化的自由女神像

二、美式风格设计特点

由于美国是由殖民地独立起来的国度，因而美国文化崇尚个性的张扬与对自由的渴望。所以，美式风格中经常会出现一些表达美国文化概念的图案，比如鹰、狮子、大象、大马哈鱼、莨落叶等，还有一些反映印第安文化的图腾来表现独有的个性。

美式风格独有一种很特别的怀旧、浪漫情节，使之能与宫廷风格的古典华贵分庭抗礼而毫不逊色。随着时代的变迁，曾经的宫廷式复杂的美式设计，现在又向着回归自然的设计方向发展，最后衍生出取材天然、风格简约、设计较为实用的美式风格特点。

美式风格在沙发造型上，多采用包围式结构，注重使用的舒适感，不管是圆形的扶手还是拱形的靠背，都表达出一种慵懒且实用的气息。在装饰材料上，美式风格常使用实木，特点是稳固扎实，长久耐用，例如北美橡木、樱桃木等。此外，壁炉是美式风格家居必不可少的元素。古老的美式风格壁炉设计得非常大气，复杂的雕刻突显着美式风格的特色。发展到今天的美式风格壁炉设计变得简单美观，简化了线条和雕刻。以自然风格为主的空间，可以用红砖或粗犷石材砌成壁炉样式，形式上有将整面墙做满以及做单一壁炉台两种样式。

△ 具有复古感的美式家具表达了美国人对历史的怀旧

△ 印第安文化和白头海雕图案在现代室内家居设计中的运用

△ 原始的壁炉和劳作的工具形成不做修饰的美式乡村感受

三、美式风格色彩搭配

美式古典风格主色调一般以黑、暗红、褐色等深色为主，整体颜色更显怀旧复古、稳重优雅，尽显古典之美；美式乡村风格的墙面颜色以自然色调为主，绿色或者土褐色是最常见的搭配色彩；现代美式风格的色彩搭配一般以浅色系为主，如大面积地使用白色和木质色，搭配出一种自然闲适的生活环境。

◆ 原木色

原木色就像是大自然的保护色，让人仿佛回归大自然的怀抱，呼吸着最新鲜的空气。美式风格中的原木色一般选用胡桃木色或枫木色，仍保有木材原始的纹理和质感，还刻意增添做旧的瘢痕和虫蛀的痕迹，营造出一种古朴的质感，体现原始粗犷的美感。

◆ 大地色系

大地色系指的是棕色、米色、卡其色这些大自然、大地的颜色，它们往往给人亲切舒服的感觉，平实又高雅。美式风格追求一种自由随意、简洁怀旧的感受，所以色彩搭配上追寻自然的颜色，常以暗棕色、土黄色为主色系。

◆ 绿色系

绿色系在所有的色彩中，被认为是大自然本身的色彩。美式乡村风格非常重视生活的自然舒适性，充分显现出乡村的朴实风味，所以在色彩搭配上多以自然色调为主，散发着质朴气息的绿色较为常见。无论是运用墙面装饰，还是布艺软装上，无不将自然的情怀表现得淋漓尽致。

四、美式风格家具特征

美式家具较意式和法式家具来说，风格要粗犷一些。传统的美式家具为了顺应美国居家空间大与讲究舒适的特点，一般都有着厚重的外形、粗犷的线条，皮质沙发、四柱床等都是经常用到的。美式家具尺寸比较大，但是实用性都非常强，可加长或拆成几张小桌子的大餐台很普遍。

◆ 做旧工艺家具

早期的美国人迁徙到西部时，用马车搬运的家具很容易碰伤，留下磕碰的痕迹。而今不会再有那样的迁徙，怀旧情结导致美国人在喜欢的家具表面进行做旧。在原本光鲜的家具表面，故意留下刀刻点凿的痕迹，好像用过多年的感觉。涂抹的油漆也多为暗淡的哑光色，排斥亮面，同样源于希望家具显得越旧越好。

◆ 厚重实木家具

美式风格的空间中，往往会使用大量让人感觉笨重且深颜色的实木家具，风格偏向古典欧式，主要以桃花木、枫木、松木以及樱桃木制作而成。家具表面通常特意保留生长过程中的树瘤与蛀孔，并且手工做旧制造岁月的痕迹。

◆ 铆钉工艺家具

铆钉最早起源于二战时期的美国，后为摇滚乐所吸纳，并在朋克和后朋克摇滚时期风靡世界。当皮革与铆钉这种粗犷又不失细节的结合被应用于家具上，家居空间呈现出了别具一格的时尚古韵，这种运用在沙发上尤为多见。有些美式布艺家具中也少不了铆钉的装饰，天然的仿粗麻布纹理清晰，自然气息浓郁，边部的铆钉设置可避免纯色布艺的单调感。

五、美式风格布艺织物应用

美式古典风格的布艺材料选用高品质的绵绸、流苏，具有东方色彩的波斯地毯或印度图案的区块地毯，可为空间增添软调的舒适氛围。而格子印花布及条纹花布则是美式乡村风格的代表花色，尤其是棉布材料的沙发，抱枕及窗帘等最能诠释美式乡村风格自然的舒适质感。

◆ 窗帘

美式风格的窗帘强调耐用性与实用性，选材上十分广泛，印花布、纯棉布以及手工纺织的麻织物，都是很好的选择，与其他原木家具搭配，装饰效果更为出色。美式风格的窗帘色彩可选择土褐色、酒红色、墨绿色、深蓝色等，浓而不艳、自然粗犷。

◆ 床品

美式风格床品的色调一般采用稳重的褐色，或者深红色，在材质上面，大都使用钻石绒布，或者真丝做点缀，同时在软装用色上非常统一。美式风格床品的花纹多以蔓藤类的枝叶为原形设计，线条的立体感非常强，在抱枕和床旗上通常会出现大面积吉祥寓意的图案。

◆ 地毯

美式风格地毯常用羊毛、亚麻两种材质。纯手工羊毛地毯营造出美式格调的低调奢华，在美式家居生活的场景中，客厅壁炉前或卧室床前常放置一张羊毛地毯。而麻质编织地毯拥有极为自然的粗犷质感和色彩，用来呼应曲线优美的家具，效果都很不错。

六、美式风格常用软装饰品

美式风格的饰品偏爱带有怀旧倾向以及富有历史感的饰品，或能够反映美国精神的物品。在强调实用性的同时，非常重视装饰效果。除了一些做旧工艺的摆件之外，墙面通常用挂画、挂钟、挂盘、镜子和壁灯进行装饰。

◆ 包含历史感的装饰摆件

在美式风格中常常会运用到一些饱含历史感的元素，选用一些仿古艺术品摆件，表达一种对历史的缅怀情愫，例如地球仪、旧书籍、做旧雕花实木盒、表面略显斑驳的陶瓷器皿、动物造型的金属或树脂雕像等。

◆ 实木边框的暗色装饰画

美式乡村风格以自然怀旧的格调突显舒适安逸的生活，一般会选用暗色，画面往往会铺满整个实木画框。小鸟、花草、景物、几何图案都是常见主题。画框多为棕色或黑白色实木框，造型简单朴实。

◆ 体现田园生活的绿植

美式风格花器常以陶瓷材质为主，工艺大多是冰裂釉和釉下彩，通过浮雕花纹，黑白建筑图案等，将美式复古气息刻画得更加深刻。花材上可选择绿萝、散尾葵等无花、清雅的常绿植物。

◆ 做旧工艺的装饰挂件

美式风格的挂件可以天马行空地自由搭配，不用整齐有规律。铁艺材质的墙面装饰和镜子、老照片、手工艺品等都可以挂在一面墙上，手工打造的木质镜框也是传统挂件之一，木框表面擦褐色后清漆处理。此外，美式空间的墙面也可选择色彩复古、做工精致、表面做旧的挂盘，会让空间更有格调。

第四节 日式风格

一、日式风格起源

日式风格又称和式、和风，起源于中国的唐朝，盛唐时期由于鉴真大师东渡，将当时唐朝的文字、服饰、宗教、起居、建筑结构、文化习俗等传播到了日本。日本与中国有着极其相似的地方，深受中国文化的影响，中国人的起居方式在唐代以前，盛行席地而坐，因此家具主要以低矮为主。日本学习并延续了中国初唐时期低床矮案的生活方式，并且一直保留到了今天，而且形成了完整独特的体系。唐朝之后中国的装饰和家具风格依然不断地传往日本。在日本极为常用的格子门窗，就是由宋朝时期传入日本，并一直延用至今，并成为古典日式风格的显著特征之一。

△ 日式风格室内装饰一直保留了中国初唐时期低床矮案的生活方式

△ 由中国宋朝时期传入日本并沿用至今的格子门窗，是古典日式风格的特征之一

除传统的日式风格以外，日式风格还呈现现代、科技、艺术的一面，现代日式风格从 20 世纪 80 年代后期受后现代设计风潮的影响，设计上对外观非常注重，甚至到了影响功能的程度，这是日本泡沫经济的一个时代特征。90 年代初经济泡沫破裂，日本陷入萧条，设计风格又向本质回归，天然材质的使用又开始流行。出现了 MUJI、zakka 等一些时下流行的表现形式。

二、日式风格设计理念

日式风格的家居空间往往呈现着简洁明快的特点，用小面积展示大空间是日式风格装饰的主要特点。此外，日式风格善于借用室外的自然景色为家居空间装点生机，热衷于使用自然质感的材料，因此呈现出与大自然深切交融的家居景象，其中室外自然景观最突出的表现为日式园林枯山水。

△ 现代日式风格简化传统元素，呈现出简洁明快的时代感

时至今日，日式风格已不仅仅是老式的榻榻米、格子门窗等元素。更让人着迷的是其崇尚简约、自然以及秉承人体工程的风格特点。现代日式家居风格秉承了一贯的自然传统，崇尚根据自然环境来设计装饰家居空间，使居住环境紧紧追随大自然的脚步，并结合素材的本色肌理及天然材料的特殊气息给人以平静、美好的感觉。

△ 传统日式风格淡雅简洁，取材自然，表现出古朴雅致的禅意

三、日式风格色彩搭配

日式风格的室内设计中，从整体到局部、从空间到细节，无一不采用天然装修材料，草、竹、席、木、纸、藤、石等材料在日式风格的空间中被大量运用。所以日式风格的配色都是来自于大自然的颜色，米色、白色、原木色、麻色、浅灰色、草绿色等这些来自于大自然原有的材质的本色，组成了柔和沉稳、朴素禅意的日式空间。

◆ 原木色 + 白色

木色与白色是日式风格空间中不可或缺的色彩，原木与本白两种色彩，不经意的搭配就能让木色变得更为清新自然，白色变得更为明亮温暖。白色与原木色的搭配，可以让日式风格的空间显得清新整洁并且充满自然气息。

◆ 原木色 + 米色

日式风格的家居装饰以原木、竹、藤、麻和其他天然材料颜色为主，形成朴素的自然风格。墙面多粉刷成米色，与原木色和谐统一，软装多使用米色系布艺或麻质装饰物。这种自然色彩的介入，能够让人感到安详和镇定，以达到更好的静思和反省，这与当时日本禅宗的兴起相辅相成。

◆ 原木色 + 草绿色

来自大自然的柔和草绿色调，与原木色是非常契合的搭配，再加上低调而简约的造型，这在当今由钢筋水泥等工业材料组成的现代化城市中是别具一格、清新脱俗的，与现代忙碌都市人追求悠然自得、闲适的心态相得益彰。

◆ 蓝色 + 白色

蓝白色的搭配来源于日本早期的工艺限制，当时的染织工艺都是使用天然的植物染料给纺织品上色，虽然植物也能染出五彩缤纷的颜色，但是最普及的就是这种深蓝色的靛青蓝，具有价格低廉、颜色鲜艳的优点，而且保持时间长，因此在当时一度成为平民百姓和武士阶层最为追崇的配色。再加上日本四面临海，对大海的崇拜也加深了日本人民对蓝白配色的情怀。一般在传统风格里面运用较多。

四、日式风格家具特征

日式风格的家具一般比较低矮，而且偏爱使用木质，如榉木、水曲柳等。在家具的造型设计上尽量简洁，既没有多余的装饰与棱角，又能够在简约的基础上创造出和谐自然的视觉感受。

提起日式家具，人们立即想到的就是榻榻米，以及日本人相对跪坐的生活方式，这些典型的日式特征，都给人以非常深刻的印象。

◆ **MUJI 风简约日式家具**

现代人所提及的日式简约风，始于日本的品牌"MUJI"无印良品，在"MUJI"中全部表现出来——设计简洁、高冷文艺、禁欲主义。随着日式风格在年轻人中悄然兴起，"MUJI"也已经不再是一个家居品牌，而成为一种生活方式。MUJI 风颜色相对单一，空间中随处可见原木家具，装饰品较少，更多地注重物品的功能性与空间的收纳。

◆ **禅意茶桌**

日式风格的茶桌以其清新自然、简洁淡雅的特点，形成了独特的茶道禅宗气质。搭配一张极富禅意的茶桌，可以在日式风格的空间里营造出饱含诗意、闲情逸致的生活境界。传统日式禅意茶桌的桌脚一般都比较短，整体显得比较低矮，简约复古，桌面上往往会配备齐全精美的茶具。

◆ **榻榻米**

榻榻米是日式风格空间最为常见的家具，也是最具日本特色的装饰元素，因此在日本人的生活中占有重要的地位。榻榻米的使用范围非常广泛，不但可以用来作为装饰房间的铺地材料，还可以作为床垫，同时也是练习柔道、击剑等体育项目的最佳垫具。

五、日式风格布艺织物应用

日式风格的布艺无论是制作技艺还是其中所蕴含的文化意象，都与中国传统的布艺文化有着紧密的关联。比如日本和服的发展可以说是直接借鉴了中国的刺绣和印染技艺。日式风格有它固有的美态，布艺也秉承着日式传统美学中对自然的推崇，彰显原始素材的本来面目，摒弃奢侈华丽，以淡雅节制、含蓄深邃的禅意为境界，所以天然的棉麻材质是最好的选择。

◆ 窗帘

现代日式风格窗帘一般朴素使用为主，并不在空间中做过多地强调，样式也以简洁利落为主，一般没有帘头的设计。淡绿色、淡黄色、浅咖色最常被用到，并呼应家具中的点缀色。

◆ 门帘

一般在传统日式风格的餐厅或者居室中常常会看到各种图案古韵的门帘，最早叫作"暖簾"，大约是日本室町初期从中国传入。挂上这样一幅帘子，日式传统的和风味道扑面而来，既美观又实用。图案也有很多种选择，都是一些常见的吉祥图案，常见的有海浪纹、浮世绘、樱花、仙鹤等题材。

◆ 床品

日式简约风格的床品一般有 AB 面设计，简约时尚，随心而换，符合现代人的生活品质要求。天然麻材质的面料与舒适的棉纱相互交织，保留了麻的透气又增加了棉的柔软，舒适性好，经久耐用 。

六、日式风格常用软装饰品

日式风格往往会将自然界的材质大量地运用于家居空间中，以此表达出对大自然的热爱与追崇，因此在软装饰品上也不推崇豪华奢侈，应以清新淡雅为主。日式风格的软装饰品以简约的线条、素净的颜色、精致的工艺独树一帜，并因简约之中蕴含着禅意而耐人寻味。

◆ 日式枯山水摆件

在传统日式风格和中式风格中，枯山水在室内软装中经常以微型景观的形式出现，配色经典、简约，不管放在书房、客厅或是办公室都非常有意境，既可以观赏又可以随手把玩，借助白沙和景观石，可随心创造观者心中的景致，感受广阔的大自然。

◆ 侘寂美学瓷器

侘寂之美的简单解释就是日本美学所追求的黯然之美，**侘寂**的美学意识就是黯然、枯寂，也就是无法圆满具足，退而求其次地以粗糙、哀美之姿传达其意识。所以在日本的瓷器茶具等器物设计上，以雾面的表现处理取代亮面，以手工的手渍替代人工的光滑，以裸露的处理过程取代完美的精密缝制。

◆ 浮世绘

浮世绘即日本的风俗画，是起源于日本江户时代的一种独特的民族绘画艺术。在绘画内容上，浮世绘有着浓郁的日本本土气息，有四季风景、各地名胜等，而且有着很高的写实技巧，同时也具备非常强烈的装饰效果。在日式风格的空间里，如能搭配几幅浮世绘挂画作为家居的墙面装饰，可以为家居空间增添日式风韵。

◆ 日式花艺

日式插花以花材用量少、选材简洁为特点。虽然花艺造型简单，却表现出了无穷的魅力。就像中国的水墨画一样，能用渺渺数笔勾勒出精髓，可见其功底。在花器的选择上以简单古朴的陶器为主，其气质与日式风格自然简约的空间特点相得益彰。

工业风格

一、工业风格起源

工业风格起源于 19 世纪末的欧洲，在工业革命爆发之后，以工业化大批量生产为条件发展起来的。最早是将废旧的工业厂房或仓库改建成兼具居住功能的艺术家工作室，这种宽敞开放的 LOFT 房子的内部装修往往保留了原有工厂的部分风貌，逐渐地，这类有着复古和颓废艺术范的格调成为一种风格，散发着硬朗的旧工业气息。

过去的工业风格大多数出现在废弃的旧仓库或车间内，改造之后脱胎换骨，成为一个充满现代设计感的空间，也有很多出现在旧公寓的顶层阁楼内。现在的工业风格就可以出现在都市的任何一个角落，但是没有必要为此改变工业风格的原貌，工业风格与华丽炫耀无关，它只是回到原点——原始的工业美学。

△ 利用废弃的旧仓库改建而成的咖啡馆

△ 工业风格办公室的室内装饰基本保留了原有工厂的部分风貌

二、工业风格设计特征

工业风格在设计中会出现大量的工业材料，如金属构件、水泥墙、水泥地、做旧质感的木材、皮质元素等。格局以开放性为主，通常将所有室内隔墙拆除掉，尽量保持或扩大厂房宽敞的空间感。这种风格用在家居领域，给人一种现代工业气息的简约、随性感。

工业风格的墙面多保留原有建筑的部分容貌，比如墙面不加任何的装饰把墙砖裸露出来，或者采用砖块设计，或者涂料装饰，甚至可以用水泥墙来代替；室内的窗户或者横梁上都做成铁锈斑驳的样子，显得非常的破旧；在顶面基本上不会有吊顶材料的设计，若出现保留下来的钢

△ 保留材质的原始质感是工业风格的最大特征之一

结构，包括梁和柱，稍加处理后尽量保持原貌，再加上对裸露在外的水电线和管道线通过在颜色和位置上合理的安排，组成工业风格空间的视觉元素之一；工业风格的地面最常用水泥自流平处理，有时会用补丁来表现自然磨损的效果。

△ 工业风格空间的格局以开放性为主，尽量保持一种宽敞的空间感

三、工业风格色彩搭配

工业风格给人的印象是冷峻、硬朗而又充满个性，因此工业风格的室内设计中一般不会选择色彩感过于强烈的颜色，而会尽量选择中性色或冷色调为主调，如原木色、灰色、棕色等。而最原始、最单纯的黑白灰三色，在视觉上就带给人简约又神秘的感受，反而能让复古的风格表现得更加强烈。

◆ 黑白灰色系

黑白灰是最能展现工业风格的主色调，作为无色系的它们营造的冷静、理性的质感，就是工业风的特质，而且可以较大面积地使用。黑色的冷酷和神秘，白色的优雅和轻盈，两者混搭交错又可以创造出更多层次的变化。

◆ 裸砖墙 + 白色

随着工业风格的流行，越来越多的人开始被裸露砖墙的外观所吸引，它所营造的工业又时尚的空间氛围，总能一跃成为房间的亮点，吸引所有注视的目光。裸砖墙与白色是最经典的固定搭配，原始繁复的纹理和简约白色形成互补效果。

◆ 原木色 + 灰色

工业风格给人的印象是冷峻、硬朗以及充满个性，原木色、灰色等低调的颜色更能突显工业风格的魅力所在。相比白色的鲜明，黑色的硬朗，灰色则更内敛。如果白色是中和裸砖墙工业风的柔软调和剂，那么灰色则添加了一抹暗抑的美感。

◆ 亮色点缀

工业风格的墙面常选择灰色、白色，地面以灰色、深色木地板居多，水泥自流平地面也十分普遍，所以需要张扬的艳丽色彩进行点缀，可选择具有较强视觉冲击力的红、黄、蓝等高纯度的颜色。

四、工业风格家具特征

工业风格的空间对家具的包容度很高，可以直接选择金属、皮质、铆钉等工业风家具，或者现代简约的家具也可以。例如选择皮质沙发，搭配海军风的木箱子、航海风的橱柜、Tolix 椅子等。

◆ 金属家具

工业风格的空间离不开金属元素，金属质地的家具是首选，但是金属家具过于生硬冰冷，一般采用金属与木材制造，或者铁、木结合，表面通常刷中性色油漆，如灰色、白色和土色等。

◆ 原木家具

工业风格的家具常有原木的踪迹。许多铁制的桌椅会用木板来作为桌面又或者是椅面，如此一来就能够完整地展现木纹的深浅与纹路变化。尤其是老旧、有年纪的木头，做起家具来更有质感。最常出现的是实木或拼木桌板配铁制桌脚，但桌脚的造型要与空间主体的线条相互配合。

◆ 皮质家具

皮质家具非常具有年代感，特别是做旧的质感很有复古的感觉，所以皮质家具也是工业风格搭配中的关键。有别于细心染色处理的皮料，工业风擅长展现材料自然的一面，因此选择原色或带点磨旧感的皮革，颜色上以深棕或黄棕色为主。皮质经过使用后会产生自然龟裂与色泽改变，提升工业风格历史悠久的独特韵味。

五、工业风格布艺织物应用

外露的钢筋、不修饰的砖墙，这些都成为工业风格的特色，然而正因为是从工厂、仓库衍生而来，这些过去是作为堆放物品及设备的环境，如今要改为人使用，势必需要加入一些适合居住使用的布艺，如窗帘、地毯、抱枕等，使用起来更为舒适，也可缓和过于单调和冰冷的工业感。

◆ 窗帘

工业风格的窗帘一般选用暗灰色或其他纯度低的颜色，这样能够与工业风黑白灰的基调更加协调，有时也经常会用到色彩比较鲜明或者是设计感比较强的艺术窗帘。窗帘布艺的材质一般采用肌理感较强的棉布或麻布，这样更能够突出工业风格空间相犷、自然、朴实的特点。

◆ 床品

对比机械元素的复杂效果，工业风格的床品布艺则要显得精简许多。床品大都选择与周围环境相呼应的中性色调，偶尔加入一些质地独特的布艺，可以起到提亮空间的作用。比如与金属元素相差极大的长毛块毯，可以柔和卧室中的冷硬线条。

◆ 地毯

地毯的应用在工业风格的空间中并不多见，大多应用于床前或沙发区域，地毯的选择必须要融入整体的风格，粗糙的棉质或者亚麻编织地毯能更好地突出粗犷与随性的格调，未经修饰的皮毛地毯也是一个很好的选择。

◆ 抱枕

工业风格整体的色彩多采取中性色，甚至会让人感到一丝冷感，抱枕虽小，却是营造温暖感的极佳元素之一。工业风格的抱枕多选用棉布材质，表面呈现出做旧、磨损和褪色的效果，通常印有黑色、蓝色或者红色的图案或文字，大多数看起来像是包装货物的麻袋的感觉，复古气息扑面而来。

六、工业风格常用软装饰品

工业材料经过再设计打造的饰品是突出工业风格艺术气息的关键。选用极简风的金属饰品、具有强烈视觉冲击力的油画作品，或者现代感的雕塑模型作为装饰，也会极大地提升整体空间的品质感。

◆ 怀旧特色的摆件

工业风格的室内空间无须陈设各种奢华的摆件，越贴近自然和结构原始的状态越能展现该风格的特点。装饰摆件通常采用灰色调，用色不宜艳丽，常见的摆件包括旧电风扇、旧电话机或旧收音机、木质或铁皮制作的相框、放在托盘内的酒杯和酒壶、玻璃烛杯、老式汽车或者双翼飞机模型。

◆ 表现原生态美感的挂件

工业风格墙面特别适合以金属水管为结构制成的挂件，如果家中已经完成所有装修，无法把墙面打掉露出管线，那么这些挂件会是不错的替代方案。此外，超大尺寸的做旧铁艺挂钟、带金属边框的挂镜或者将一些类似旧机器零件的黑色齿轮挂在沙发墙上，也能感受到浓郁的工业气息。

◆ 增加自然气息的花艺与绿植

工业风格经常利用化学试剂瓶、化学试管、陶瓷或者玻璃瓶等作为花器。绿植类型上偏爱宽叶植物，树形通常比较高大，与之搭配的是金属材质的圆形或长方柱形的花器。

◆ 起到点缀作用的装饰画

在工业风格空间的砖墙上搭配几幅装饰画，沉闷冰冷的室内气氛就会显得生动活泼起来，也会增加几分温暖的感觉。挂画题材可以是具有强烈视觉冲击力的大幅油画、广告画或者地图，也可以是一些自己的手绘画，或者是艺术感较强的黑白摄影作品。

新中式风格

一、新中式风格起源

中式风格凝聚了中国五千多年的民族文化，是历代人民勤劳智慧和汗水的结晶。中式风格在明朝得到了很大的发展，到了清朝进入鼎盛时期，发展到后来，主要保留了以下两种形式：一是中国哲学意味非常浓厚的明式风格，以气质和韵味取胜，整体色泽淡雅，室内造型比较简单，与空间的对比不会太强烈；二是比较繁复的清式，或者是颜色很艳的藏式，通过巧妙搭配空间色彩、光影效果和饰品获得最理想的空间装饰效果。

随着时代的变迁，传统的中式风格在现代设计风格的影响下，为了满足如今现代人的使用习惯和功能需求，形成了新中式风格，其实这是传统文化的一种回归。这些"新"，是利用新材料、新形式对传统文化的一种演绎。将古典语言以现代手法进行诠释，融入现代元素，注入中式的风雅意境，使空间散发着淡然悠远的人文气韵。

△ 回纹是一种在中国传统文化中被称为富贵不断头的几何纹样，由古代陶器和青铜器上的雷纹衍化而来

△ 中国红作为中国人的文化图腾之一，其渊源追溯到古代对日神虔诚的膜拜

△ 秉承中式传统文化的对称陈设

二、新中式风格设计特征

新中式风格虽然摒弃了传统中式风格复杂繁琐的设计，但却继承了传统中式风格中讲究空间层次的特点。常通过窗格、屏风、博古架等手段来实现新中式风格空间的层次感，展现出大而不空、显而不透、厚而不重的空间特点。由于其具有极强的现代美学理念以及极大的包容性，受到了越来越多的青睐。此外，室内空间常在一些细节上勾勒出禅宗的意境，完美地将中国人内在的哲学观念展露于室内装饰中。

△ 经过重新演绎的中式元素与现代造型饰品同处一室

新中式风格的住宅中，空间装饰多采用简洁、硬朗的直线条。例如直线条的家具上局部点缀富有传统意蕴的装饰，如铜片、铆钉、木雕饰片等。材料选择使用木材、石材、丝纱织物的同时，还会选择玻璃、金属、墙纸等工业化材料。不仅反映出现代人追求简单生活的居住要求，更迎合了中式家居追求内敛、质朴的设计风格，使这种风格更加实用、更富现代感、更能被现代人所接受。在软装设计上，常以留白的方式，以东方美学观念控制节奏，突显出中式风格的新风范。比如墙壁上的字画、空间里的工艺品摆件等，数量虽少，但却营造出无穷的意境。

△ 空间线条简洁利落的同时又不失中式雅致的氛围

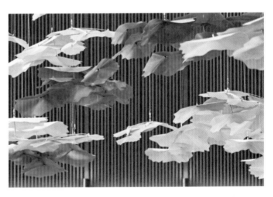

△ 利用现代新材料制作的荷叶挂件具有和和美美的吉祥寓意

三、新中式风格色彩搭配

新中式风格空间的色彩搭配传承了中国传统文化中"以色明礼""以色证道"的儒学思想，其整体设计趋向于两种形式。一种是色彩淡雅，富有中国画意境的高雅色系，以白色、无色彩以及自然色为主，体现出含蓄沉稳的空间特点。另一种是色彩鲜明，并富有民族风味的色彩，如红色、蓝色、黄色等。灵动的色彩在空间中交相辉映，为新中式风格的家居空间营造出热烈欢庆的氛围。

◆ 留白的意境

白不单单是一种颜色，更是一种设计理念，产生空灵、安静、虚实相生的效果。在新中式风格中运用白色，是展现优雅内敛与自在随性格调的最好方式。通常以白色为背景，搭配原木色调或黑色调的新中式家居装饰，也可采用带有中式元素的白色家具。

◆ 浓墨般黑色

中国文化中的尚黑情结，除了受先秦文化的影响，也与中国以水墨画为代表的独特审美情趣有关。将新中式与黑色结合，空间内展现着平静内敛的气质与高雅古韵的氛围。在装饰时可在白色吊顶中加入黑色的线条，丰富层次感；也可将黑色作为背景配搭新中式家具装饰，再加入白色，面积可大可小，但视感要均衡。

◆ 喜庆中国红

红色已经成为中式祥瑞色彩的代表，并且在中式风格室内设计领域的应用极为广泛。在新中式风格的空间里红色宜作为点缀色，如桌椅、抱枕、床品、灯具等都可使用不同明度和纯度的红色。

◆ 高级灰应用

新中式风格的空间设计时尚端庄，静雅大方。如果以高级灰作为背景，整体的空间氛围会显得更为轻松。灰色的背景，奠定了中式家居的理性基调，适当搭配一些其他色彩的挂画或软装饰品，能为雅致理性的中式空间带来一丝灵动活泼的视觉动感。

◆ 端庄稳重的棕色

棕色在中式传统文化中扮演着不少的角色，除了黄花梨、金丝楠木等名贵家具外，还有记录文字的竹简木牍等。新中式风格家居可以结合棕色的天然质感与自然属性来营造沉静质朴、端方稳重的视感氛围。

◆ 皇家象征的黄色

黄色系在中国古代是皇家的象征，并且象征着财富和权力，是尊贵和自信的色彩。中国人对黄色特别偏爱。这是因黄色与黄金同色，被视为吉利、喜庆、丰收、高贵的象征。所以黄色也被广泛应用于中式风格的家居中。

◆ 典雅高贵的蓝色

中国古代多喜爱在博古架上放置一些瓷器作为装饰，例如蓝白青花瓷，其湛蓝的图案与莹白的胎身相互映衬，典雅而唯美。青花瓷的蓝色又名"皇帝蓝"和"国王蓝"，虽然色调单一，褪却奢华，但其简洁中所透露出来的雍容华贵的气度，有着不可言说的美丽。

四、新中式风格家具特征

在造型设计上，新中式风格的家具以现代的手法诠释了中式家具的美感，并且形式比较活泼，用色更为大胆明朗，多以线条简练的仿明式家具为主。在材料上，除了木制、竹制外，也常使用石材、铁质等新材料。

◆ 实木家具

实木家具不仅能让新中式风格的空间散发典雅而清新的魅力，而且其细致精巧的做工，再加上岁月流逝的感觉，能让传统的古典韵味在新中式风格的空间中得以传承。

◆ 金属家具

金属家具能让新中式风格的空间显得更加动感活泼，也能制造出大气时尚的空间品质。此外，还可以将金属与实木材质相结合，在展现金属硬朗质感的同时，还能将木材的自然风貌以更为个性的方式呈现出来，让其成为家居空间中的视觉焦点。

◆ 陶瓷家具

在新中式风格的空间里搭配陶瓷家具，不仅能传承中国的传统文化，而且还能让家居空间显得更加精致美观。陶瓷鼓凳是新中式风格中最为常见的瓷质家具，因其四周常用丝绣一样的图画做装饰，因此又称之为绣墩。

◆ 直线条家具

新中式风格在家具的搭配上延续了明式家具的造型设计，因此沙发、床、桌子等家具少有多余的装饰与棱角，一般以直线为主。横平竖直的家具造型不会占用过多的空间面积，而且可以令整个室内环境看起来更加干净、利落。

◆ 仿明式家具

明式家具是指自明代中叶以来，能工巧匠用紫檀木、杞梓木、花梨木等制作而成的硬木家具。新中式风格中的仿明式家具，传承了传统明式家具中造型优美、选材考究、制作精细等几大特点，并增加坐垫或者靠垫来搭配，因此使用时的舒适度会更高。

五、新中式风格布艺织物应用

新中式风格的布艺文化是随时代的变迁而不断发展的，因此有着浓厚的中式情结。将传统元素与现代设计手法巧妙融合，加入了现代的线条、色彩，使空间更显清新灵动，并且也更符合现代人的审美观念。

◆ 窗帘

新中式风格的窗帘多为对称的设计，帘头比较简单，可运用一些拼接方法和特殊剪裁。偏古典的新中式风格窗帘可以选择一些仿丝材质，既可以拥有真丝的质感、光泽和垂坠感，还可以加入金色、银色的运用，添加时尚感觉；偏禅意的新中式风格适合搭配棉麻材质的素色窗帘。

◆ 床品

新中式风格的床品不像欧式床品那样要使用流苏、荷叶边等丰富装饰。大方时尚是新中式风格床品最大的特点，而且其色彩和装饰图案还能展现出中式独有的意境，例如回纹、花鸟等图案都有着浓郁的中国特色。

◆ 地毯

新中式风格的室内既可以选择具有抽象中式元素图案的地毯，也可选择传统的回纹、万字纹或花鸟山水、福禄寿喜等中国古典图案。

◆ 抱枕

如果空间的中式元素较多，为其搭配的抱枕最好选择简单、纯色的款式，并通过色彩的挑选与搭配，为室内营造温馨的氛围。如果空间中的中式元素较少，则可以选择搭配富有中式特色的抱枕，如花鸟图案抱枕、窗格图案抱枕、回纹图案抱枕等。

六、新中式风格常用软装饰品

在新中式风格的室内空间里，利用混搭的手法搭配饰品，可以增加室内环境的灵动感。如在搭配传统中式风格饰品的同时，适当增添现代风格或富有其他民族神韵的饰品，能够让新中式风格的空间增加文化对比，从而使人文气息显得更加浓厚。

◆ 对称式陈设的装饰摆件

新中式风格的陶瓷工艺品摆件大多制作精美，即使是近现代的陶瓷工艺品也具有极高的艺术收藏价值。将军罐、陶瓷台灯以及青花瓷摆件是新中式风格软装中的重要组成部分；寓意吉祥的动物如貔貅、小鸟以及骏马等造型的陶瓷摆件是软装布置中的点睛之笔。

◆ 浓郁中国风的装饰挂件

荷叶、金鱼、牡丹等具有吉祥寓意的工艺品会经常作为新中式空间的挂件装饰。圆形的扇子饰品配上长长的流苏和玉佩，也是装饰中式墙面的极佳选择。此外，墙面上出现黑白水墨风格的挂盘也能展现浓郁的中式韵味。

◆ 注重意境的中式花艺

新中式风格花艺设计注重意境，追求绘画式的构图、线条飘逸，一般搭配其他中式传统韵味的软装饰品居多，如茶器，文房用具等。花材选择以枝杆修长、叶片飘逸、花小色淡、寓意美好的种类为主，如松、竹、梅、菊花、柳枝、牡丹、玉兰、迎春、菖蒲、鸢尾等。

◆ 尽显中式美感的装饰画

新中式风格装饰画一般会采取大量的留白，渲染唯美诗意的意境。画作的选择与周围环境的搭配非常关键，选择色彩淡雅、题材简约的装饰画，无论是单个欣赏还是搭配花艺等陈设都能美化成清雅含蓄的散文诗。此外花鸟图也是新中式风格常常用到的题材。

东南亚风格

一、东南亚风格起源

东南亚是一个具有多样统一性的地域，具有大陆与岛屿并存，山地与平原同在的地理特点，亚热带向热带气候逐渐过渡的自然条件。西方近代文化的传入让东南亚的传统文化遭到了空前的冲击，其文化发展进入一个全新更替时期。同时，越来越多的华人迁居东南亚，使得中国文化扩大了对东南亚的影响。这一历史、文化的变迁推动了东南亚文化的发展，让世界各国人民对东南亚的文化特点有了初步的认识，东南亚风格由此形成。

早期的东南亚风格比较奢华，一般出现在酒吧、会所等公共场所，主要以装饰为主，较少考虑实用性。随着各国活动往来的交流，东南亚风格家居也逐渐吸纳了西方的现代概念和亚洲的传统文化精髓，呈现出更加多元化的特色。如今的东南亚风格已成为传统工艺、现代思维、自然材料的综合体，开始倡导繁复工艺与简约造型的结合，设计中充分利用一些传统元素，如木质结构、

△ 东南亚风格无论从建筑还是家居设计，都具有强烈的异域风情

△ 现代的东南亚风格家居设计倡导繁复工艺与简约造型的结合，把传统元素作为家居装饰的一部分

纱幔、烛台、藤制装饰、简洁的纹饰、富有代表性的动物图案，更适应现代人的居住习惯和审美要求。

二、东南亚风格设计特征

东南亚风格的设计追求自然、原始的家居环境，是一种将东南亚民族特色中的元素运用到家居中的装饰风格。东南亚风格与中式风格接轨，例如融入了中国古典家具设计的东南亚圈椅，带有浓郁的明清家具风格。所以在设计时可以中式家具为主要装饰对象，也可利用手绘、绿色植物等丰富室内的气氛。

相比其他家居风格，取材自然是东南亚风格最大的特点，在装修时喜欢灵活地运用木材和其他天然材料，比如印度尼西亚的藤、马来西亚河道里的水草以及泰国的木皮等纯天然的材质。东南亚风格的许多家具样式与材质都很朴实，例如藤制家具以其独特的透气性深受人们喜爱，并且适合东南亚当地的气候。东南亚风格的家居空间善用各种色彩，通过软装来体现其绚烂与华丽的效果。

△ 纯天然材质在室内设计中的大量应用是东南亚风格的最大特点

△ 东南亚风格的室内设计善用独具当地风情的色彩和软装营造格调

三、东南亚风格色彩搭配

　　东南亚风格通常有两种配色方式：一种是将各种家具包括饰品的颜色控制在棕色或者咖啡色系范围内，再用白色或米黄色全面调和，是比较中性化的色系；另一种是采用艳丽的颜色做背景或主角色，例如青翠的绿色、鲜艳的橘色、明亮的黄色、低调的紫色等，再搭配色泽艳丽的布艺、黄铜或青铜类的饰品以及藤、木等材料的家具。

◆ 深色系

　　东南亚风格崇尚自然，偏爱自然的原木色，大多为褐色等深色系。但是大面积运用原木色容易显得老气，适当点缀亮色，能避免单调沉闷。

◆ 艳丽色彩

　　传统的东南亚风格配色给人一种香艳，甚至奢靡的感觉，可以看到一整面桃红色丝缎覆盖的背景墙，吊顶上有大红色、粉紫色、孔雀蓝等华丽的纱幔轻垂而下，只要钟情于这种感觉，就可以大胆用色，更不必担心太过浓重或跳跃，这正是东南亚风格的精彩之处。

◆ 民族特色图案

　　东南亚风格的空间中经常出现两类图案：一类是以热带风情为主的植物图案，如芭蕉叶、莲花、莲叶等；还有一类是极具禅意风情的图案，如佛像图案，常作为点缀出现在家居环境中。

四、东南亚风格家具特征

东南亚风格崇尚自然元素，通常采用实木、棉麻、藤条、水草、海藻、木皮、麻绳以及椰子壳的材质，在制作家具的时候常以两种以上材料混合编织而成，如藤条与木片、藤条与竹条等，工艺上以纯手工打磨或编织为主，完全不带一丝现代工业化的痕迹。家具表面往往只是涂一层清漆作为保护，保留家具的原始本色。

◆ 实木家具

作为自然材料的一种，实木家具也是东南亚风格不能缺少的一项，基本色调为棕色以及咖啡色，通常会给视觉带来厚重之感。完完全全的原木色泽，展现自然的柔和，手工打磨出的样式更是呈现出最为原始的美感。

◆ 木雕家具

精致的泰国木雕家具，是东南亚风格空间中最为抢眼的部分。柚木是制成木雕家具的上好原材料，它的刨光面颜色可以通过光合作用氧化而成金黄色，颜色会随时间的延长而更加美丽，用它制成的木雕家具，自然经得起时间的推敲与考验。

◆ 藤编家具

在东南亚家居中，常见藤编家具的身影。藤编家具的优点是自然淳朴，色泽天然，通风透气性能好，集观赏性和实用性于一体，既符合环保要求，又典雅别致充满情趣，并且能够营造出浓厚的文化气息。

五、东南亚风格布艺织物应用

　　纺织工艺发达的东南亚为软装布艺提供了极其丰富的面料选择，细致柔滑的泰国丝、白色略带光感的越南麻、色彩绚丽的印尼绸缎、线条繁复的印度刺绣，这些充满异国风情的软装布艺材料，在居室内随意放置，就能起到很好的点缀作用，给空间氛围营造贵族气息。

◆ 窗帘

　　东南亚风格的窗帘色彩一般以自然色调为主，完全饱和的酒红、墨绿、土褐色等最为常见。窗帘材质以棉麻等自然材质为主，虽然款式往往显得粗犷自然，但拥有舒适的手感和良好的透气性。

◆ 地毯

　　饱含亚热带风情的东南亚风格适合选择亚麻质地的地毯，带有一种浓浓的自然原始气息。此外，可选用植物纤维为原料的手工编织地毯。在地毯花色方面，一般根据空间基调选择妩媚艳丽的色彩或抽象的几何图案，休闲妩媚并具有神秘感。

◆ 抱枕

　　由于藤艺家具常给人营造出一种镂空感，因此搭配一些质地轻柔、色彩艳丽的泰丝抱枕，可以适当地消除这种空洞感。泰丝抱枕比一般的丝织品密度大，所以质感稍硬，更有型，不仅色彩绚丽，富有特别的光泽，图案设计也富于变化，不论是摆在沙发上或者床上，都能表现出东南亚风格多彩华丽的感觉。

◆ 纱幔

　　纱幔妩媚而飘逸，是东南亚风格家居不可或缺的装饰，既能起到遮光的功效，也可以点缀卧室空间。东南亚风格的卧室中很多都是四柱床，这种类型的床做纱幔，一般可选择吊带式或者穿杆式。吊带式纱幔纯真浪漫；穿杆式纱幔相对华丽大气。

六、东南亚风格常用软装饰品

东南亚的纯手工工艺品种类繁多，大多以纯天然的藤竹柚木为材质，比如木质的大象工艺品，竹制藤艺装饰品，有很强的装饰效果。还有印度尼西亚的木雕、泰国的锡器等都可以用来做饰品，即便是随手摆放，也能平添几分神秘气质。而更多的草编、麻绳、藤类、木类做成的饰品，其色泽与纹理有着人工无法达到的自然美感。

◆ 天然材质手工艺品

东南亚风格的装饰摆件多为带有当地文化特色的纯天然材质的手工艺品，并且大多采用原始材料的颜色。如粗陶摆件，藤或麻制成的装饰盒或相框，大象、莲花、棕榈等造型的摆件，富有禅意，充满淡淡的温馨与自然气息。

◆ 追求意境美的挂件

东南亚风格中的软装元素在精不在多，选择墙面装饰挂件时注意留白跟意境，营造沉稳大方的空间格调，选用少量的木雕工艺饰品和铜制品点缀便可以起到画龙点睛的作用。

◆ 突显热带风情的大叶绿植

在东南亚风格的家居环境中，绿色植物也是突显热带风情关键的一环，芭蕉和菩提等大叶植被，是东南亚风格的一大特征。东南亚风格对于绿植的要求是大叶显得馥郁的植被，以赏叶类植被为主。

◆ 花草图案或动物图案装饰画

东南亚风格装饰画通常选择热带风情为主的花草图案，热带花卉一般都有着花盘大、色彩浓艳的特点。其次，选择一些具有代表性的动物图案装饰画无疑也是可以帮助提升室内的东南亚风情，比如孔雀、大象等。此外，如佛手等极具禅意哲理的宗教图案也适合出现在东南亚风格的装饰画中。

地中海风格

一、地中海风格起源

地中海沿岸是古代文明的发祥地之一。由于地中海物产丰饶，现有的居民大都是世居当地的人民，因此，孕育出了丰富多样的地中海风貌。最早的地中海风格是指沿欧洲地中海北岸一线，特别是希腊、西班牙、葡萄牙、法国、意大利等国家南部沿海地区的居民建筑住宅，特点是红瓦白墙、干打垒的厚墙、铸铁的把手和窗栏、厚木的窗门、简朴的方形吸潮陶地砖以及众多的回廊、穿堂、过道。这些国家簇拥着地中海那一片广阔的蔚蓝色水域，各自浓郁的地域特色深深影响着地中海风格的形成。

△ 富有浓郁的地中海人文风情和追求古朴自然的基调是地中海风格家居设计的最大特点

△ 希腊地中海沿岸大面积的蓝与白，清澈无瑕，诠释着人们对蓝天白云，碧海银沙的无尽渴望

随着地中海周边城市的发展，南欧各国开始接受地中海风格的建筑与色彩，慢慢地，一些设计师把这种风格延伸到了室内。也就是从那时起，地中海室内设计风格开始形成。

二、地中海风格设计特征

地中海风格因富有浓郁的地中海人文风情和地域特征而闻名。它是海洋风格室内设计的典型代表，具有自由奔放、色彩多样明媚的特点。

地中海风格由建筑运用到室内以后，由于空间的限制，很多东西都被局限化了。装饰时通常将海洋元素应用到家居设计中，居室内在大量使用蓝色和白色的基础上，加入鹅黄色，起到了暖化空间的作用。房间的空间穿透性与视觉的延伸是地中海风格的要素之一，比如大大的落地窗户。空间布局上充分利用了拱形的作用，在移步换景中，感受一种延伸的通透感，能够赋予生活更多的情趣。拱形是地中海，更确切地说是地中海沿岸阿拉伯文化圈里的典型建筑样式。

△ 地中海风格的卫浴间经常出现马赛克与小石子等充满原生态质感的材料

△ 利用拱形元素使人感受一种延伸的通透感是地中海风格的一大特征

三、地中海风格色彩搭配

　　由于地中海地区国家众多，所以室内装饰的配色往往呈现出多种特色。西班牙、希腊以蓝色与白色为主，这也是地中海风格最典型的色彩搭配方案，两种颜色都透着清新自然的浪漫气息；意大利地中海以金黄向日葵花色为主；法国地中海以薰衣草的蓝紫色为主；北非地中海以沙漠及岩石的红褐、土黄等大地色为主。

◆ 蓝色 + 白色

　　蓝色和白色搭配是比较典型的地中海颜色搭配。圣托里尼岛上的白色村庄与沙滩、碧海、蓝天连成一片。就连门框、楼梯扶手、窗户、椅子的面、椅腿都会做蓝与白的配色，加上混着贝壳、细砂的墙面、鹅卵石地、金银铁的金属器皿，将蓝与白不同程度的对比与组合发挥到极致。

◆ 大地色

　　地中海风会大量运用石头、木材、水泥墙面，这种充满肌理感的大地色系显得温暖与质朴，和古希腊的住宅传统有点关系。沿海地区的希腊民居最早就喜欢用灰泥涂抹墙面，然后打开窗，让地中海的海风在室内流动，灰泥涂抹墙面带来的肌理感和自然风格，一直沿袭到了现在。

四、地中海风格家具特征

地中海风格的家具往往会有做旧的工艺，展现出风吹日晒后的自然美感。在家具材质上一般选用自然的原木、天然的石材或者藤类，此外还有独特的锻打铁艺家具，也是地中海风格家居特征之一。

◆ 做旧家具

地中海风格家具上的擦漆做旧处理工艺除了能让家具流露出古典家具才有的隽永质感，更能展现家具在地中海的碧海晴天之下被海风吹蚀的自然印迹，在色彩上除了纯蓝色之外，湖蓝色也是一种不错的选择。

◆ 铁艺家具

铁艺家具是指以通过艺术化加工的金属制品为主要材料或局部装饰材料制作而成的家具，古朴的色彩、弯曲的线条和厚重的材质总能给人一种年代久远的感觉。铁艺家具是地中海风格的特色之一，例如黑色或古铜色的铁艺床、铁艺茶几以及各类小圆桌等。

◆ 藤艺家具

藤艺家具是世界上最古老的家具之一，很久以前人们就选用藤来制造各种各样的家具，如桌、椅、床和贮藏柜等。在希腊半岛地区，手工艺术十分盛行，当地人对自然的竹藤编织物非常重视，所以藤艺家具在地中海地区占有很大的比例。

五、地中海风格布艺织物应用

地中海风格家居中，窗帘、沙发布、床品等软装布艺一般以纯棉、亚麻、羊毛、丝绸等纯天然织物为首选，地中海风格往往带有一定的田园自然气息，所以低彩度的小碎花、条纹、格子图案是其常使用到的配图元素。色彩上，蓝色和白色是地中海最为经典的色彩之一，充分体现了地中海风格的浪漫情怀。

◆ 窗帘

清新素雅是地中海风格窗帘的特点，如果窗帘的颜色过重，会让空间变得沉闷，而颜色过浅，会影响室内的遮光性。因此根据室内的整体装饰格调，选择较为温和的蓝色、浅褐色等色调，采用两个或两个以上的单色布来撞色拼接制作窗帘是一个不错的选择。

◆ 床品

地中海风格的主要特点是带给人轻松浪漫的居室氛围，因此床品的材质通常采用天然的棉麻材质。碧海、蓝天、白沙的色调是地中海的三个主色，也是地中海风格床品搭配的三个重要颜色，而且图案搭配无论是条纹还是格子的都能让人感受到一股大自然柔和的魅力。

◆ 地毯

蓝白、土黄、红褐、蓝紫和绿色等色彩的地毯更能衬托出地中海风格轻松愉悦的氛围，可以选择棉麻、椰纤、编草等纯天然的材质。此外，摩洛哥地毯也经常出现在北非地中海风格的空间中。

六、地中海风格常用软装饰品

地中海风格属于海洋风格，软装饰品一般以自然元素为主，有关海洋的各类装饰物件都可以适当地运用在地中海风格的家居空间里，如帆船、冲浪板、灯塔、珊瑚、海星、鹅卵石等素材，都可以用来装点地中海风格空间里的各个角落，让整个空间洋溢着幸福的海洋味道。

◆ **海洋主题摆件**

地中海风格宜选择与海洋主题有关的摆件饰品，如帆船模型、贝壳工艺品、木雕海鸟和鱼类等，有了这些饰品的点缀，可以让家居装饰生动活泼，更能给空间增添几分浪漫的海洋气息。

◆ **做旧处理的挂件**

在地中海风格家居的墙面上可以挂上各种救生圈、罗盘、船舵、钟表、相框等挂件。由于地中海地区阳光充足、湿气重、海风大，物品往往容易被侵蚀、风化、显旧，所以对饰品进行适当的做旧处理，能展现出地中海的地域特征，反而能带来意想不到的装饰效果。

◆ **绿意盎然的绿植与花艺**

地中海风格常使用爬藤类植物装饰家居，同时也可以利用一些精巧曼妙的绿色盆栽让空间显得绿意盎然。小束的鲜花或者干花通常只是简单地插在陶瓷、玻璃以及藤编的花器中，枯树枝也时常作为花材应用于室内装饰。

◆ **静物内容装饰画**

地中海风格装饰画的内容一般以静物居多，如海岛植物、帆船、沙滩、鱼类、贝壳、海鸟、蓝天和云朵等，还有圣托里尼岛上的蓝白建筑、教堂、希腊爱琴海都能给空间制造不少浪漫情怀。

现代简约风格

一、现代简约风格起源

简约主义源于 20 世纪初期的西方现代主义，是由 20 世纪 80 年代中期对复古风潮的叛逆和极简美学的基础上发展起来的。20 世纪 90 年代初期，开始融入室内设计领域，以简洁的表现形式来满足人们对空间环境那种感性的、本能的和理性的需求，这就是现代简约风格。

△ 法国建筑师保罗·安德鲁设计的国家大剧院整个壳体风格简约大气，宛若一颗晶莹剔透的水上明珠

现代简约风格真正作为一种主流设计风格被搬上世界设计的舞台，实际上是在 20 世纪 80 年代。它兴起于瑞典。当时人们渐渐渴望在视觉冲击中寻求宁静和秩序，所以简约风格无论是在形式上还是精神内容上，都迎合了在这个背景下所产生的新的美学价值观。欧洲现代主义建筑大师 Mies Vander Rohe 的名言 "Less is more" 被认为代表着简约主义的核心思想。

△ 现代简约风格的家居设计核心就是强调功能与形式的完美结合

二、现代简约风格设计特征

现代简约风格的特点是将设计的元素、色彩、照明、原材料简化到最少的程度，但对色彩、材料的质感要求很高。在当今的室内装饰中，现代简约风格是非常受欢迎的。因为简约的线条、着重在功能的设计最能符合现代人的生活。而且简约风格并不是在家中简简单单的摆放家具，而是通过材质、线条、光影的变化呈现出空间质感。

现代简约风格在装饰材料的使用上更为大胆和富于创新，玻璃、钢铁、不锈钢、金属、塑胶等高科技产物最能表现出现代简约的风格特色。可以让视觉延伸创造出极佳的空间感，并让空间更为简洁。另外，具有自然纯朴本性的石材、原木也很适用于现代简约风格空间，呈现出另一种时尚温暖的质感。

△ 室内空间呈现出简洁利落的线条感是现代简约风格的主要特征之一

△ 现代简约风格对材料的质感要求很高，金属、玻璃、石材等装饰材料已经被广泛应用

三、现代简约风格色彩搭配

　　以色彩的高度凝练和造型的极度简洁，用最简单的配色描绘出丰富动人的空间效果，这就是简约风格的最高境界。可能在很多人的心目当中，觉得只有白色才能代表简约，其实不然，原木色、黄色、绿色、灰色甚至黑色都完全可以运用到简约风格家居里面。

◆ 黑色 + 白色

　　黑色和白色在现代简约设计风格中常常被用作主色调。黑色单纯而简练，节奏明确，是家居设计中永恒的配色。白色让人感觉清新和安宁，白色调的装修是简约风格小户型的最爱，可以让狭小的房间看上去更为宽敞明亮。

◆ 高级灰

　　近年来，高级灰迅速走红，深受人们的喜欢，灰色元素也常被运用到现代简约风格的室内装饰中。通常所说的高级灰，并不是单单指代某几种颜色，更多指的是整个的一种色调关系。有些灰色单拿出来并不是显得那么的好看，但是它们经过一些关系组合在一起，就能产生一些特殊的氛围。

◆ 中性色

　　中性色搭配融合了众多色彩，从乳白色和白色这种浅色中性色，到巧克力色和炭色等深色色调，其中黑白灰是常用到的三大中性色。现代简约风格中的中性色是多种色彩的组合，而非使用一种中性色，并且需要通过深浅色的对比营造出空间的层次感。

四、现代简约风格家具特征

现代简约风格的家具线条简洁流畅，无论是造型简洁的椅子，或是强调舒适感的沙发，其功能性与装饰性都能实现恰到好处的结合。一些多功能家具通过简单的推移、翻转、折叠、旋转，就能完成家具不同功能之间的转化，其灵活的角色转换能力，无疑在现代简约风格的家居环境中起到了画龙点睛的作用。

◆ 直线条家具

直线条家具的应用是现代简约风格的特点之一，无论是沙发、床还是各类单椅，直线条的简单造型都能令人体会到简约的魅力。在现代简约风格空间中，直线条的布艺沙发属于应用最广的家具。

◆ 多功能家具

简约风格的空间适合选择一些带收纳功能的多功能家具。多功能家具是一种在具备传统家具初始功能的基础上，实现一物两用或多用的目的，实现新设功能的家具类产品。例如隐形床放下是床，将其竖起来就变成一个装饰柜，与书柜融为一体，不仅非常节约空间，而且推拉十分轻便。

◆ 定制类家具

很多现代简约风格的家居空间面积不大，而且户型格局中常常会碰到不规则的墙面，特别是一些夹面不垂直的转角、有梁有柱的位置，选择定制家具是一个不错的选择。例如书房面积较小，可以考虑定制书桌，不仅自带强大的收纳功能，还可以最大程度地节省和利用空间。

五、现代简约风格布艺织物应用

现代简约风格空间进行布艺的选择时，要结合家具色彩确定一个主色调，使居室整体的色彩、美感协调一致，恰到好处的布艺装饰能为家居增色。

◆ 窗帘

现代简约风格的空间要体现简洁、明快的特点，所以在选择窗帘时可选择纯布棉、麻、丝等肌理丰富的材质，保证窗帘自然垂地的感觉。在色调选择上多选用纯色，不宜选择花型较多的图案，以免破坏整体感觉，可以考虑选择条状图案。

◆ 床品

搭配现代简约风格的床品，纯色是惯用的手段，简单的纯色最能彰显简约的生活态度。例如用百搭的米色作为床品的主色调，辅以或深或浅的灰色作点缀，搭出恬静的简约氛围。在材料上，全棉、提花面料都是非常好的选择。

◆ 地毯

纯色地毯可以带来一种素净淡雅的效果，通常适用于现代简约风格的空间。此外，几何图案的地毯简约不失设计感，更是深受年轻居住者的喜爱，不管是混搭还是搭配简约风格的家居都很合适。

◆ 抱枕

在现代简约空间中，选择条纹的抱枕肯定不会出错，它能很好地平衡纯色和样式简单之间的差异；如果房间中的灯饰很精致，那么可以按灯饰的颜色选择抱枕；如果根据地毯的颜色搭配抱枕，也是一个极佳的选择。

六、现代简约风格常用软装饰品

现代简约风格空间的软装饰品一方面要注重整体线条与色彩的协调性，另一方面要考虑其功能性，要将实用性和装饰性合二为一。

◆ **造型简洁的装饰摆件**

现代简约风格家居应尽量挑选一些造型简洁的高纯度色彩的摆件。数量上不宜太多，否则会显得过于杂乱。材质上多采用金属、玻璃或者瓷器为主的现代风格工艺品。一些线条简单，造型独特甚至是极富创意和个性的摆件都可以成为简约风格空间中的一部分。

◆ **表现清新纯美的花艺**

现代简约风格的花艺需要遵循简洁大方的原则，不可过于色彩斑斓，花器造型上以线条简单或几何形状的纯色为佳，白绿色的花艺或纯绿植与简洁干练的空间是最佳搭配。

◆ **点睛作用的装饰挂件**

现代简约风格的墙面多以浅色单色为主，容易显得单调而缺乏生气，因此也具有很大的可装饰空间，挂件的选用成为必然，照片墙和挂钟、挂镜等装饰是最普遍的。

◆ **现代抽象装饰画**

现代简约风格的装饰画内容选择范围比较灵活，抽象画、概念画以及科幻、宇宙星系等题材都可以尝试一下。装饰画的颜色一般多以黑白灰三色为主，如果选择带亮黄、橘红的装饰画则能起到点亮视觉，暖化空间的效果。

2

家居装修从入门到精通

设 计 实 战 指 南

空间界面

吊顶设计

一、井格式吊顶设计

井格式吊顶是利用空间顶面的井字梁或假格梁进行设计的吊顶形式，其使用材质一般以石膏板或木质居多。有些还会搭配一些装饰线条以及造型精致的吊灯。

这种吊顶不仅容易使顶面造型显得特别丰富，而且能够合理区分空间，如果空间面积过大或者格局比较狭长就可以使用这一类吊顶。为净高在3.5m左右的大空间设计井格式吊顶时，可以选择造型更为复杂一些的款式，以加强顶面空间的立体感，并让吊顶的装饰感更加丰富。

△ 木质装饰梁井格式吊顶

△ 木质装饰梁井格式吊顶

二、悬吊式吊顶设计

悬吊式吊顶是指通过吊杆让吊顶装饰面与楼板保持一定的距离，犹如悬在半空中一样。在两者之间还可以布设各种的管道及其他的设备，饰面层可以设计成不同的艺术形式，以产生不同的层次和丰富的空间效果。设计这类吊顶时，要注意预留安装发光灯管的距离，以及处理好吊顶与四周墙面材质的衔接问题。

△ 悬吊式吊顶

三、平面式吊顶设计

平面吊顶指的是顶面满做吊顶的形式，吊顶的表面没有任何层次或者造型，简洁大方，适合各种装修风格的居室，比较受到现代年轻人的喜爱。一般房间高度在 2750mm 的，建议吊顶高度在 2600mm，这样不会使人感到压抑，如果层高比较低的房间也选择满做吊顶，建议吊顶高度最少保持在 2400mm 以上。

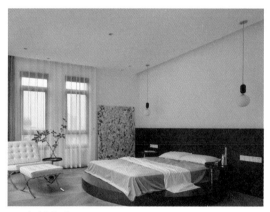

△ 平面式吊顶

四、灯槽式吊顶设计

灯槽式吊顶是比较常用的顶面造型，整体简洁大方。施工过程中只要留好灯槽的距离，保证灯光能放射出来就可以了。吊顶高度最少吊下来 160mm，一般是 200mm，因为高度留太少了灯光透不出来，而灯槽宽度则与选择的吊灯规格有关系，通常在 300~600mm。

△ 灯槽式吊顶

五、线条式吊顶设计

有些室内空间会以线条勾勒造型作为顶面装饰，如用木线条走边或石膏线条的装饰造型等。还有些层高不够的空间，会用顶角线绕顶面四周一圈作为装饰，其材质主要有石膏线条与木线条两类。

石膏线的种类相对较丰富，而木线条无论在尺寸、花色、种类还是后期上色上都相对具有一些优势。多数实木线条是根据特定样式定做的。一般先由设计师画出实木顶角线的剖面图，拿到建材市场专卖木线的店面就可以定做。

△ 石膏线条式吊顶

△ 木线条式吊顶

六、折面式吊顶设计

折面式吊顶有一个最大的特点就是表面有明显的凹凸起伏，这种吊顶造型层次更加丰富，所以制作比较复杂。由于折面式吊顶凹凸不平的表面可以很好地满足声学要求，因此一般较多的应用于影音室的顶面设计。

△ 折面式吊顶

七、跌级式吊顶设计

跌级式吊顶是指层数在 2 层以上的吊顶，类似于阶梯的造型，层层递进，能在很大程度上丰富家居顶面空间的装饰效果。跌级吊顶层次越多，吊下来的尺寸就越大，二级吊顶一般往下吊 20cm 的高度，但如果层高很高的话也可增加每级的高度。层高矮的话每级可减掉 20~30mm 的高度，如果不需在吊顶上装灯，每级往下吊 5cm 即可。

△ 跌级式吊顶

八、异形吊顶设计

异形吊顶在造型上不拘一格，使用大量的不规则形，例如弯月、扭曲的圆、多角形等。对于这种异形吊顶，非常考验工人的技艺和耐心。在地面上施工的时候，根据事先画好的精确的图样，用准备好的材料做好造型。在施工的过程中，要非常注意安全，首先必须要固定好，这是最基本的要求，而且也是最重要的要求，起码吊顶装上以后绝对不能掉下来。确保好成品的安全性和完整性，方能安装。

△ 异形吊顶

九、圆形吊顶设计

圆形吊顶一般适合不规则形状或者是梁比较多的空间，在制作过程中，不仅只是在石膏板上开个圆形的孔洞那么简单。除了石膏板常用的辅材以外，还需要想办法加固圆形，不然时间长了，吊顶会容易变形。一般会选择用木工板裁条框出圆形，用木工板做基层，再贴石膏板，这样做成的圆形会比较持久。施工时建议将圆弧吊顶在地面上先做好框架，然后安装在顶面，再进行后期的石膏板贴面，简化施工难度。

△ 圆形吊顶

十、现代风格吊顶设计

◆ 最常见的灯槽吊顶

灯槽吊顶的设计感和装饰性比较强，是简约风格的空间中常见的顶面造型，吊顶灯槽不只是一条漫反射的光带，还可以提高吊顶的完整性、通透性和装饰性。

◆ 扩大空间的镜面吊顶

小空间顶面使用镜子可以让层高在视觉上得到延伸，在施工的时候要特别注意施工工艺。一般镜子背面要使用木工板或者多层板打底，最好不要使用石膏板打底。

◆ 石膏板抽缝造型

石膏板抽缝就是把石膏板抽成一条条的凹槽，而且可以增加空间的层次感。缝的大小可根据风格和空间的比例来定，抽完缝后还可以再刷上符合家居风格颜色的乳胶漆，既经济又环保。

◆ 木地板贴顶

将地板作为吊顶装饰的设计越来越多。施工时应先做基层，可以使用 15mm 或 18mm 的木工板打底，由于实木地板的变形系数相对较高，所以不建议把实木地板铺在吊顶上，通常强化地板和实木复合地板是比较理想的地板品类。

石膏板抽缝在施工时有两种方式：一种是原建筑楼板做底，一种是双层纸面石膏板做法。要注意的是一般公寓房的顶面石膏板留缝为 8~10mm，刷完乳胶漆刚好是 5~8mm，如果一开始留 5mm，那么等批好腻子刷好乳胶漆以后，几乎就看不出来有缝隙了。

十一、乡村风格吊顶设计

◆ 装饰木梁

　　在乡村风格的空间中，加入造型木梁，可以加强空间中的自然气息，使之更具生活感。但是结构木梁的数量与粗细要根据空间的大小、高矮以及需要表现的效果而定，不能一概而论。

◆ 杉木板吊顶

　　先要在原顶面的基础上用木工板打一层底，这样能把顶面找平，然后再把杉木板安装在木工板上。杉木板吊顶的形状排列可根据空间的大小和造型来设计。安装好后会刷油漆，可以选择清漆，保有杉木板原先的颜色，也可以用木蜡油擦上和整个空间更相配的颜色。

◆ 异形结构顶

　　由于建筑的外观设计，使得很多别墅或者复式住宅顶层的顶部都是一些异形的，如果保留建筑本身的特点，依式而做的顶面会更加的大气，层高也会显得更高，更有空间感。最常见的是可以按照原结构顶的形状做木梁装饰。

　　　　吊顶内的木质材料应满涂二度防火涂料，以不露出木质为准；如用无色透明防火涂料，应对木质材料表面均刷二度，不可漏刷，避免电气管线由于接触不良或漏电产生的电火花引燃木质材料，进而引发火灾。

十二、中式风格吊顶设计

古典风格的中式吊顶一般以中式古典花格为主，有棕色、褐色、原木色、白色、紫色等木质花格，可以通篇使用或者大面积使用。其花格里层还可以打上灯带，或者覆一层超薄磨砂玻璃打上相应的灯光。也可以用中式花格做一圈装饰，中间布置一些具有艺术品位的中式灯饰。

新中式风格的吊顶造型多以简单为主，古典元素点到为止即可，平面直线吊顶加反光灯槽就很常见。新中式吊顶材料的选择会考虑与家具以及软装的呼应。比如木质阴角线，或者在顶面用木质线条勾勒简单的角花造型，都是新中式装修吊顶中常用的装饰方法。

◆ 木线条勾勒

木线条可以买成品免漆的，也可以买半成品的木线条，后期刷上木器漆或者木蜡油擦色。当然木线条的价格要比石膏线条贵不少，如果预算有限，可以不选择价格昂贵的实木线条，而选择科技木。

◆ 深色木质造型

由于木质温润自然的特性，在中式风格的空间中也常用木质造型的吊顶，但与乡村风格吊顶不同的是，中式风格的木质造型吊顶颜色相对较深，给人一种厚重感。

◆ 安装木花格

木花格装饰吊顶需要在施工时精准计算花格的造型和灯光的位置。一般来说花格有实木雕刻和密度板雕刻两种，实木相比于密度板更加生动自然，所以价格上略微高一些。

◆ 实木线制作角花

中式风格空间常在顶面用木质线条勾勒简单的角花造型，深色的木线条和中式角花搭配在白色的石膏板底色上显得尤为清晰显眼，也能更好地表现出传统的中式气质。

十三、欧式风格吊顶设计

◆ 金银箔装饰

金银箔无论从质感上还是色泽上，都有着精美雅致的视觉效果，可以很好地提升空间优雅大方的气质，其反射光线的材质属性也为空间提供了更多的亮度。从而达到了改善了室内采光的效果。

◆ 多层线条造型吊顶

如果空间的层高足够，那么运用多层线条造型吊顶会是一个不错的选择，可以增加顶面设计细节，从而丰富空间的层次感和立体感。这种造型吊顶可以根据设计要求，变换多种方式，常见以矩形、圆等规则几何图形和不规则的异形为主。

◆ 石膏花线描金

采用石膏花线描金的方法可以在空间里营造高贵浪漫的感觉，并且可以让整体的装饰品质得到极大的提升。需要注意的是描金装饰不宜过多使用，最好是在需要重点表现的区域上使用点到为止。

◆ 石膏浮雕

石膏浮雕多以欧式的艺术风格来展现各种花纹，常有浮雕花样和人物造型，是室内装饰中较为常见的元素。其底色大多以白色、淡色为主，但也时常会有描金、雕花的款式。

第二节	**墙面设计**

一、餐厅墙面设计

餐厅墙面设计的好坏，不仅会直接影响到人在用餐时的心情，而且还会影响到整体家居的设计品质。其中黄色和橙色等这些明度高且较为活泼的色彩，会给人带来暖暖的温馨感，并且能够很好地刺激食欲。在局部的色彩选择上可以考虑白色或淡黄色，这是便于保持卫生的颜色。

◆ 餐厅与客厅相连的墙面设计

如果餐厅和客厅相连，可把餐厅一面墙和顶面做成连贯的造型，既可以营造餐厅的氛围，也可将本来相连的客厅从顶面和立面不加隔断得巧妙划分，且不阻碍视线。造型上可以用出彩的乳胶漆或者色彩图案很夸张的墙纸及其它木质、石膏板材料进行装饰，再配以一定的辅助光源。

◆ 镜面装饰背景墙

如果直接将镜子铺贴在餐厅的墙面上，其强烈的反射也许会给人过于强烈的视觉冲击。因此，在镜面上做适当的造型处理。例如将镜面的周围按照一定的宽度，车削适当坡度的斜边，使其看起来具有立体或套框的感觉，同时这样的镜面边缘处理也不容易伤到人，增加了镜面装饰的安全性。

镜面材质在餐厅墙面的运用极为普遍，然而镜面的安装是有要求的。如果镜面的面积过大，在施工过程中不宜直接贴在原墙上，因为原墙的面层无法承受镜面的重量，粘贴不牢固，钉在墙面又不美观，所以一般会先在墙面打一层九厘板，再把镜面贴在九厘板上。

二、客厅墙面设计

客厅墙面的设计一般分为电视墙与沙发墙两个内容，沙发墙的装饰相对较为简单，最常见的做法是安装搁板摆设小工艺品或根据墙面大小悬挂不同尺寸的装饰画；而电视墙是客厅装饰的重点，影响到整个室内空间的装饰效果。

◆ 挑高客厅空间墙面设计

很多挑高空间会具有别墅的气质。所以电视墙在整个设计中会比较重要。但是也不宜过于复杂，应结合整体风格做造型。建议墙面的下半部分做得丰富一些，上半部分过渡到简洁，这样会显得比较大气，而且不会有头重脚轻的感觉。

◆ 层高较低的客厅墙面设计

层高偏矮的电视墙不适合混搭多种材质进行装饰，单一材质的饰面会让墙面显得开阔不少。此外，设计时可以巧用视错觉解决一些户型本身的缺陷。例如在相对狭小和不高的空间中，在电视墙上增加整列式的垂直线条，可以有效地让居住者感受到空间被拉高了。

◆ 电视机嵌入墙面的设计

对于追求简约格调的客厅，如果将电视机嵌入到背景墙中，不仅可以在视觉上增强统一感，而且对于小空间而言，也会更显开阔。但安装时应注意，电视机的后盖和墙面之间至少应保持10cm左右的距离，而四周则需留出15cm左右的空间，以保证电视机在运行中的散热和通风。

◆ 镜面或玻璃装饰墙面

在客厅采用镜面或玻璃做背景墙，不仅有延伸空间的作用，而且还能给客厅空间带来强烈的现代感，此外，还有增强采光的作用。如果觉得直接用镜面作为背景墙会显得单调，则可以将镜面设计成菱形等形状或在设计镜面的同时搭配其他如装饰画、壁饰等装饰元素，丰富背景墙的装饰层次。

三、卧室墙面设计

卧室的墙面设计应以宁静、和谐为重点，在选择墙面装饰材料时，应充分考虑到房间的大小、光线以及家具的式样与色调等因素，使所选的装饰材料在花色、图案上与室内的环境和格调相协调。在装饰设计上可以多运用点、线、面等要素和形式美的基本原则，使造型和谐统一而富于变化。

◆ 软包装饰墙面

软包是卧室墙面出现频率最高的装饰材料。这种材料无论配合墙纸还是乳胶漆，都能够营造出大气又不失温馨的就寝氛围。在设计的时候除了要考虑好软包本身的厚度和墙面打底的厚度外，还要考虑到相邻材质间的收口。

◆ 护墙板装饰墙面

因为风格的需要，很多卧室背景墙都会出现护墙的造型。护墙板的颜色以白色和褐色运用得居多。在做半高的护墙板时，就需要先知道床背的高度，这样才能确定护墙板的高度，要确保做好后的护墙板比床背高，如果比床背低的话这样的护墙板就做的没有效果了。

◆ 金属和玻璃装饰墙面

在现代风格的卧室中，经常会在墙面上用以金属和玻璃材料作为装饰，营造出现代轻奢的空间氛围。但需要注意的是，这两种材料一定要经过磨砂处理，并且不能带有太强烈的反光性，否则可能会对居住者的睡眠造成影响。

四、儿童房墙面设计

儿童房的色彩应确定一个主调，这样可以降低色彩对视觉的压力。墙面的颜色最好不要超过两种，因为墙面颜色过多，会过度刺激儿童的视神经及脑神经，使孩子由兴奋变得躁动不安。

为了孩子的健康成长，儿童房在装饰材料的选择上，应以无污染、易清理为原则。应尽量选择天然的材料，并且中间的加工程序越少越好。比如在墙面刷漆的这个环节上，不仅要选择环保的涂料，还要保持房间的通风，同时也要注意刷漆的工艺。

◆ 硅藻泥装饰墙面

儿童房的墙面使用可塑性极强的硅藻泥也是一种理想的选择，在装饰时可做出丰富的肌理效果。例如可用硅藻泥将孩子喜欢的图案做在墙壁上，不仅可以装饰房间，同时也满足了孩子的爱好需求。

◆ 黑板墙设计

如果能在儿童房中设计一面黑板墙，就多了一个让孩子随着想象挥手涂鸦的空间，稚嫩简单的线条，可以涂绘出孩子的纯真世界。在为儿童房设计黑板墙时，应选择安全环保的黑板漆，油性黑板漆味道大，而且不环保，因此不推荐在儿童房中使用，儿童房更适合搭配水性黑板漆。

◆ 墙绘装饰墙面

墙绘是一种快速实现儿童房墙面换容的简易方法。与墙纸相比，墙绘比较随性、富有变化。儿童房墙绘一般选择卡通和童话图案，不同的孩子对卡通图案的喜好不同，因此可以根据他们的喜好以及装饰的整体风格进行绘制。

◆ 墙纸装饰墙面

男孩房可以用一些蓝、绿、黄等配上蓝天、大海等主题的图案，这样能满足男孩子对大自然的渴望。而女孩房则可以用一些粉红、粉紫、湖蓝、暖黄等配上一些花花草草的装扮，打造出一个清新活泼的公主房。

五、过道墙面设计

过道在家居中是一个相对较为狭窄封闭的空间，因此其墙面不宜做过多装饰和造型，以营造出一种大气宽敞的视觉感。

◆ 黑板墙设计

如果家里有小孩，不妨把过道的大白墙改成黑板墙，给孩子创造一个发挥绘画能力的小空间。有了黑板墙，再也不用担心大白墙被涂花，而且相比大白墙，黑板墙的装饰效果充满童趣，但是要充分考虑黑板墙的自然采光问题。

◆ 端景墙设计

许多户型一开门就直对过道尽头的端景墙，因此这面墙是人们最先看到的风景。通常会在端景墙的前方摆放用来放置物品的台子形成端景台，其主要作用就是给过道造景。在端景台上可摆放一些花瓶、台灯、装饰画或其他摆件。

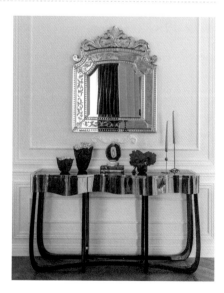

◆ 镜面装饰墙面

在过道的一侧墙面上安装大面装饰镜，既显美观，又可以提升空间感与明亮度，最重要的是能缓解狭长形过道带给人的不适与局促感。需要注意的是，过道中的装饰镜宜选择大块面的造型，横竖均可，面积太小的装饰镜起不到扩大空间的效果。

六、厨房墙面设计

厨房墙面的选材，应首先考虑到防火、防潮、防水、清洁等问题。灶台区域的墙面离油烟近，容易被油污溅到，因此可以选择容易清洁的墙砖进行铺贴，其中以品质较好的哑光釉面砖为首选。

尺寸大小也是厨房墙砖需要考虑的重要因素之一。市面上常见的墙砖规格在 300mm×450mm 至 800mm×800mm 之间。也可以选择大规格的瓷砖进行加工切割从而达到意想的效果，而厨房的面积一般比较小，最好选择 300mm×600mm 的墙砖，这样既不会浪费墙砖又能保持空间的协调性。

◆ 厨房墙面色彩

厨房墙面的色彩应当以浅色和冷色调为主，例如白色、浅蓝色、浅灰色等。这些色彩会使身处在高温、多油烟环境下的人感受到舒畅和愉悦，并且还能增加空间视觉感，让狭小的厨房空间不再那么沉闷和压抑。当然，厨房墙面也可以选择白色和任何一种浅色进行搭配，然后按照有序的排列组合，创造出一个独特个性的厨房。

◆ 厨房墙砖铺贴

很多乡村风格的厨房墙面，会选择使用砖红色或灰色系并带有仿古特质的墙砖进行搭配设计，再加上古典风格的装饰性腰线对其进行点缀，可以取得非常出色的装饰效果。对于现代风格的厨房空间，在墙面铺贴黑与白两种色系的墙砖，能给厨房营造出一种强烈的时尚质感。

◆ 厨房腰线设计

想要让腰线连续不间断，这就要求设计时根据橱柜算好高度。橱柜的高度可以根据使用者的身高定制，要用预定好的台面离地高度，加上台面靠墙的后挡水条的高度，才是腰线最下端离地的最小距离。

厨房的墙面如果想做些瓷砖铺贴上的变化，也不能太随意，尤其是花片的位置要结合橱柜的方案考虑，比如侧吸油烟机就不适合在灶台处贴花片。此外还需要算好尺寸，看看花片是否会被插座破坏。

七、卫浴间墙面设计

卫浴间墙面装饰用的最多的就是瓷砖，根据其工艺不同又可以分为：抛光砖、玻化砖、釉面砖、仿古砖、陶瓷锦砖、通体砖等多种。很多人认为卫生间的墙砖一定要贴到顶才好看和实用，其实只要把淋浴房的墙面用墙砖贴到顶就可以，像干区、浴缸、马桶间等水溅到墙面不是很高的区域可以考虑用墙砖贴到 1~1.2m 的高度，上半部分采用除墙砖类以外的饰面材料进行装饰，常见的多以墙纸和乳胶漆为主，这样既节约成本，又能形成独特的效果。

如果觉得卫浴间有些单调，可以通过主题墙设计来改变现状。大多数的洁具都为白色，为了突出这些主角，可以将墙面瓷砖换成淡黄、淡紫色甚至造型别致的花砖，都会有意想不到的效果。

◆ 卫浴间墙砖铺贴

墙砖是卫浴间墙面装饰使用最多的材料。在搭配时，因为大多数卫浴间的面积都不大，所以应尽量选择浅色，或者采用下深上浅的方式来铺设，以增强小空间的空间感。如果空间比较小，可以选择铺贴小块的瓷砖，采用菱形或者不规则的铺贴方式，在视觉上拉大空间感。

◆ 卫浴间马赛克铺贴

在卫浴间的墙面铺贴马赛克也能起到很好的装饰效果，无论是整体拼贴还是作为局部的点缀，都能改变整个卫浴间的气氛。在色彩的搭配上，除了传统的灰色、黑白色之外，彩色的玻璃马赛克也是十分不错的选择，不仅美观，而且更显和谐之美。

◆ 卫浴间腰线设计

卫浴间用到腰线是比较常见的一种做法，但是腰线的高度很有讲究。腰线高过窗台，在窗户处就会断掉，没有连续性；腰线低于台盆的后挡水高度，就会被洗手台遮掉，有些立体腰线还会影响洗手台的安装，所以腰线的高度宜尽量高过洗手台，低于窗台。

八、现代风格墙面设计

◆ 仿石材墙砖

仿石材的墙砖是现代风格电视墙的常用材料，它没有天然石材的放射性污染，而且灵活的人工配色，避免了天然石材所存在的色差问题，对石材纹理的把控让每一块仿石材砖之间的拼接更加自然。

◆ 水泥墙面

许多追求个性的室内空间为了制造与众不同的氛围，往往会用水泥墙制造视觉冲击感。毫无疑问，把水泥墙用在家里也是体现个性的一种方式，越是粗糙斑驳，越是张扬有型。

◆ 金属线条装饰墙面

在偏轻奢感的现代风格空间中，如果将金属线条镶嵌到墙面上，不仅能衬托空间内强烈的现代感，而且还可以突出墙面的竖向线条，增加墙面的立体效果，独特的金属质感能给现代风格的家居空间加分不少。

◆ 镜面和玻璃装饰墙面

镜面和玻璃材质是现代风格墙面最为常见的装饰材料，这两种材质本身有着通透的明亮感，使得整个视觉空间都被扩展了，给人以一种宽敞通透的舒适感受，在提升空间优雅品质的同时，也将现代风格空间独有的美感表现出来。

◆ 马赛克拼花墙面

马赛克拼花在现代风格的家居环境中具有非常好的装饰性能，可以在墙面上拼出自己喜爱的背景图案，让整个空间充满时尚与个性的气质。

九、乡村风格墙面设计

◆ 天然石材装饰墙面

乡村风格常选用天然石材等自然材质，体现出对自然家居及生活方式的追崇。由于天然石材源于自然，每一块石材的花纹、色泽特征往往都会有差异，因此必须通过拼花使花纹、色泽逐步延伸、过渡，从而做到石材整体的颜色、花纹呈现出和谐自然的装饰效果。

◆ 文化砖装饰墙面

文化砖是乡村风格墙面常用的材料，富有质感的外形和低调的色彩设计让其独具魅力。如今文化砖不再只是单一的色调了，有了颜色的渐变搭配，使其装饰效果更具观赏性。虽然文化砖在颜色及外形上不尽相同，但是都能恰到好处得提升空间气质。

◆ 裸露的砖墙

裸露的砖墙是乡村风格中极具视觉冲击力的元素，原本应该在露天环境中的简陋墙面被引用到室内，赋予了乡村风格家居不加修饰的自然美感。

◆ 碎花墙纸装饰墙面

碎花墙纸是乡村风格空间最为常见的墙面装饰元素，其设计形式也多种多样，可以搭配白色或者米色的墙裙进行设计，也可以与窗帘及布艺织物形成统一的设计效果。相比纯色墙面或者是更为简单的白墙，碎花墙纸可以给家居空间带来更为清新的魅力。

◆ 自然色的乳胶漆墙面

乡村风格的空间一般会使用偏自然色的乳胶漆，尤其偏爱暖色调的乳胶漆，比如在墙面涂刷棕色、土黄色的乳胶漆可以营造自然清新的田园气息，同时提升整个家居空间的舒适度。

十、中式风格墙面设计

◆ 仿古窗格装饰

仿古窗格形状多样，有正方形、长方形、八角形、圆形等造型，同时，雕刻的图案内容也多姿多彩，中国的传统吉祥图案都能在其中找到，具有丰富多彩的视觉效果。在实际运用时，一般会把窗格贴在镜面或玻璃上，并且以左右对称的造型设计为主。

◆ 手绘墙纸装饰墙面

古典图案的手绘墙纸是中式风格墙面永远不会过时的装饰主题，常被运用在沙发背景墙、床头背景墙以及玄关区域的墙面，将传统文化的氛围融入空间里。在绘画内容上，除了水墨山水、亭台楼阁等图案之外，还常见花鸟图案的手绘墙纸，绘画题材以鸟类、花卉等元素为主。

◆ 硬包装饰墙面

中式风格的墙面一般会选择布艺或者无纺布硬包，不仅可以增添空间的舒适感，同时在视觉上柔和度也更强一些。此外，还可以在中式风格的空间中，选择使用刺绣硬包装饰墙面。

◆ 木饰面板装饰墙面

中式风格中，木饰面板常常用在电视背景墙或卧室床头墙等区域，大面积铺设后，有着十分震撼的效果。选择光泽度好、气质淡雅、纹理清晰的木饰面板作为墙面装饰，有助于突显出中式风格优雅端庄的空间特点。如酸枝木、黑檀、紫檀、沙比利、樱桃木等木饰面板都是很好的选择。

◆ 吉祥纹样装饰

吉祥纹样在中式风格的装饰艺术中，是极具魅力的一部分，因此常作为艺术设计的元素，被广泛地应用于室内装饰设计中。例如使用回纹纹样的装饰线条装点墙面空间，不仅大方稳重，不失传统，而且还让能室内空间更具古典文化的韵味。

◆ 留白手法设计

在中式风格室内的墙面上设计大面积的留白，不仅体现出了中式美学的精髓，而且还透露出了中式设计的淡雅与自信。此外，将留白手法运用在新中式室内的墙面设计中，可减少空间的压抑感，并将观者的视线顺利转移到被留白包围的元素上，从而彰显出整个空间的审美价值。

十一、欧式风格墙面设计

◆ 欧式纹样墙纸

墙纸是欧式风格墙面最为常见的装饰，其图纹样式富有古典欧式的特征，其中以大马士革纹样最为常见。在简欧风格的空间中，一般会选择使用偏现代风格的墙纸，整体呈现出的感觉清新而典雅，并且给空间带来了更多的现代时尚感。

◆ 墙面线条装饰框

欧式风格墙面还可以用线条做框架装饰。装饰框架的大小可以根据墙面的尺寸按比例均分。线条的款式有很多种，造型纷繁的复杂款式可以提升整个家居空间的奢华感，简约造型的线条框则可以让空间显得更为简单大方。

◆ 车边镜装饰墙面

车边镜又称装饰镜，常用于客厅、餐厅、卫浴间等区域的墙面。在欧式风格中使用车边镜，可以增强家居的时尚感及灵动性，在带来装饰美感的同时，也在视觉上延伸了家居空间。

◆ 实木护墙板装饰墙面

实木护墙板质感非常真实与厚重，与欧式风格的空间气质极为搭配。实木护墙板的材质选取不同于一般的实木复合板材，常用的板材有樱桃木、花梨木、胡桃木、橡胶木，这些板材往往是从整块木头上直接锯下来的，因此其质感非常自然与厚重，为欧式风格的空间营造出了自然而不平凡的气质。

地面设计

一、现代风格地面设计

◆ 玻化砖铺贴

　　大多数简约风格客厅的地面一般都选择铺贴玻化砖，因为它耐磨、明亮、易清洁。一般浅色的玻化砖是比较合适的，比如白色、浅米色、纯色或略带花纹均可。选择纯色更能体现出高雅的气质，但是纯色不耐脏，需要经常清洁；对那些工作繁忙、空闲时间不多的业主来说，最好选择略带花纹或颗粒的地砖。

◆ 跳格子方式铺贴地砖

　　在比较大的空间里，如果地面铺贴同一种款式的地砖显得比较单调无味的话，可以考虑选择同一款式但不同颜色的地砖进行铺贴。这样的铺贴方法可以有很多种，最常见的是以跳格子的方式来铺贴。

◆ 实木复合地板铺贴

　　若是不喜欢强化木地板生硬的外观，但又觉得实木地板难以挑到合适木纹与颜色，把实木复合地板应用在现代风格的家居空间会是一个不错的选择，颜色上可以选择淡黄色、浅咖色，如果选择传统的木褐色，则应尽量选择木纹较浅的实木复合地板。

二、乡村风格地面设计

◆ 暖色系仿古砖铺贴

选择暖色系的仿古砖，可以为乡村风格的家居空间增添自然温馨的氛围，而且温暖的色泽能让家居环境显得高雅温馨。如能加以木材元素与暖色仿古砖进行碰撞，则可以营造出既刚硬大气又朴实自然的空间氛围。

◆ 仿古地砖拼花

仿古地砖拼花可打造优雅的美式乡村田园气息，要注意在施工时对拼花砖的保护，由于现在一般拼花多为水刀切割，费用及耗砖材比较大，所以细心是最重要的，同时要注意拼花缝要均匀，不能错位，最后找带底板固定而后整板铺贴。

◆ 实木地板铺贴

一般来说，乡村风格的卧室、书房的地面常见的做法是铺设木地板，特别是实木地板具有木头应有的自然色泽与肌理，能突显乡村风的温馨质感。木地板的色调与木纹可依空间风格进行选择，深色或纹理相犷能呈现稳重感，浅色则能带出柔美色调的效果。

三、中式风格地面设计

◆ 木地板铺贴

中式风格地面通常会选择红色、棕色等深色木地板，如花梨木、香脂木豆、柚木等。现代中式的地面也可选择实木复合地板，以棕色的表面为主，特点是纹理古朴自然。

◆ 仿古地砖铺贴

仿古地砖有着独特的古典韵味，并能完美地展现出中国历史的厚重与悠远。在中式风格的地面铺贴仿古地砖，能营造出独具一格的怀旧氛围，更是在不经意间显现出了中式家居的格调与品位。

◆ 传统图案拼花地砖

梅花、云纹、回纹等极具中国古典特色的图案的拼花地砖是中式风格空间常见的地面装饰材料，并常应用于过道、玄关等区域。拼花的图案以中式元素为主，如万字纹、回字纹等。并通过合理的设计，将地面瓷砖拼花装饰效果显示出来。

四、欧式风格地面设计

◆ 深色实木地板铺贴

为了体现欧式风格的厚重感，实木地板通常会选择较深的颜色，包括地板的纹理也会更加丰富。实木地板铺设在欧式客厅中比较少见，多铺设在卧室、书房等空间，主要是因为欧式家具的金属材质比较多，容易在实木地板上留下划痕。

◆ 地面拼花

欧式风格空间的地面拼花可以用多种材料来实现，最常使用的是瓷砖，即用不同纹理样式的瓷砖拼接而成；大理石拼花价格昂贵，可营造出一种华丽、高端的感觉。此外，拼花地板也是欧式风格中常见的地面装饰材料。

◆ 双层或多层波打线

在简欧风格空间中，地面拼花不会太复杂，基本是几种常见的样式，如两种不同颜色地砖的菱形铺贴，在房间的四周设计波打线，或者是围绕着沙发设计拼花造型以代替地毯等。

隔断设计

一、吊顶隔断

利用吊顶的高低落差在视觉上划分空间，也是一种常见的隐形隔断方式，而且能为空间增添一定的艺术感与层次感。但这种设计手法对空间的层高要求较高，如果层高不足，被抬高的区域会让人觉得很压抑。

此外，还可以使用不同高度的吊顶来进行空间划分，比如在两个相连的功能区设计不同造型、不同厚度的吊顶，不仅有划分空间的作用，而且有着极好的装饰效果。

△ 利用吊顶材质的区别界定出一个独立的就餐区域

△ 利用过道的木质吊顶把客厅餐厅空间进行隐形分隔

二、灯光隔断

灯光隔断是依靠照明器具，或者不同的光源以及亮度，在视觉上制造分隔空间的效果。利用灯光作为隔断的设计手法不仅具有实用效果，而且极具美感。

此外还可以利用灯具的搭配来进行空间区分，比如在客餐厅一体的空间里，为两个功能区搭配不同风格、不同颜色以及不同造型的灯具，加上吊顶的搭配，不仅完美地划分出了空间，而且还能让家居空间更富层次感。

△ 利用隐藏的灯带散发出的暖色灯光形成一个隐形隔断

三、地面隔断

地面隔断是一种最简单、最直接的隔断方式，也就是使用不同的地面材料装饰不同空间的地面，来起到空间隔断的作用。居住者可以使用不同花色的瓷砖或是地板来分别铺贴客厅与餐厅的地面，从而达到空间划分的目的。也可以直接铺贴地砖边线来达到划分区域的目的，不仅能够起到空间隔断的作用，还增强了地面瓷砖的层次感。还可以在家中的入口处放置一块地毯，为不大的家居空间划分出玄关的位置。

△ 利用地面材质的区别划分出厨房与外部空间

通过地面不同材质的交叉铺设，不仅能够很好地将不同功能空间进行划分，同时又增加了地面的丰富性，增强了美观度。在进行具体施工时，特别要根据相邻材料的物理和化学特性，选择恰当的收口方式。既要保证收口时的美观与完整，又要体现出两种材料的对比美感。

四、吧台隔断

吧台一般设计在家居的餐厅、厨房以及客厅之间，打破了传统家居设计一成不变的格局，不仅能为家居空间营造小资情调，而且还能作为两个功能区之间的隔断。合理的吧台设计不仅需要考虑到家人的生活方式、用餐习惯而且还要配合整个房间的风格韵味。需要注意的是，在进行吧台设计时，应将其视为整个空间的一部分，以提高家居空间的完整性。

△ 集备餐、休闲以及分隔空间于一体的多功能吧台隔断

如果家居面积空间较大，可以考虑把吧台设置在休闲区，以提升家居休闲区的空间使用率。除此之外，还可以将吧台设置在日常久坐的地方，例如可以把吧台安置在客厅电视的对面，这样许多人可以边喝饮品边欣赏精彩的电视节目，或者观看一部精彩的电影。

五、柜子隔断

柜子隔断就是既能承担家具的功能又能起到隔断居室的作用的柜子，也是室内隔断最简单的方式，例如在客厅与餐厅之间，放置一个柜子，除了在视觉上隔开两个空间，还有着收纳的功能。但在挑选柜子时，要注意其高度，应以坐下时能刚好遮住人的视线为宜。如果能在旁边搭配一些绿色植物，效果会更明显。面积小或者不太通透的房间，特别是小户型最适合用这种方式隔断。

利用柜子做隔断时，应注意其摆放位置的合理性，让空间分布达到平衡，在充当隔断的同时又不会显得刻意和突兀。

△ 在卧室中利用衣柜作为隔断是非常实用的设计手法

在家居空间中，柜子不仅具有实用性和装饰价值，在通过合理的布局设计后，还能起到很好的隔断效果。如面积较大的卧室空间，如果想要将其分隔开来，可以考虑利用衣柜作为隔断，不仅满足了卧室空间的收纳需求，而且也起到了划分空间的作用。

△ 实用的同时起到分隔空间作用的隔断柜

六、层架隔断

层架隔断分为固定式和灵活式，可以根据实际需要和审美特点进行适当选择。层架隔断属于实用型隔断，其搁置层具有强大的收纳功能，可以更好地将零碎物品进行规范整理，不仅起到装饰摆设作用，还具有隔断功能。但应注意其色调、材质以及造型设计与整体风格的搭配。通常木质的层架质感温和厚重，比较适合欧式风格和中式风格，金属材质的层架冷硬前卫，比较适合时尚感强烈的现代风格。

△ 欧式风格和中式风格适合选择质感厚重的木质层架

七、移门隔断

移门隔断方便安装和拆卸。用一扇移门，就可以把一个空间隔开，一分为二，简简单单，而且成本低，效率高。封闭性相对于花格隔断好，还可以对其进行装饰。灵活性高，适用于各种用途的开敞式室内空间，有助于室内空间的有效利用。

△ 小户型空间最适合使用具有通透感的玻璃移门划分不同的功能区

在空间比较局促的地方做移门，能够有效节约门的开启空间。在厨房、卫生间等功能区设计移门是很常见的。但是在具体施工的时候，建议移门不要嵌入墙体，否则不便于移门的后期维修与维护。

八、屏风隔断

屏风一般陈设在室内的开阔位置，起到分隔、装饰、挡风、协调等作用，融实用性、欣赏性于一体，既有实用价值，又能赋予家居空间雅致的美学内涵。屏风可以设计成可活动式，在需要时可在空间任意移动，也可以设计成固定式，从而提高安全性。家用屏风隔断中，一般主要是用于客厅、卧室、书房以及卫浴间。

屏风隔断有很多种，根据不同的摆放位置，高度是不一样的，而且不同的高度，效果也不一样。一般屏风隔断既要起到遮挡的作用，又不能把光给挡住，所以高度通常是在人的水平视线以上，大约是占空间高度的 2/3，差不多就是 2m 左右的样子。

△ 中式风格屏风

△ 实木木花格

九、木花格隔断

在一些需要保证视线穿透度的隔断上，就可以采用木花格隔断。木花格有很多种款式可供不同的风格选择，基材有密度芯和实木芯等不同的板材，实木相比于密度板更加自然生动，所以价格上会略高一些，在选择的时候要特别考虑环保性的要求。密度板雕刻而成的白色花格不仅造型优美，而且价格也相对便宜。

注意雕花最好和室内的风格相呼应，制作时最好选择亚光油漆，这样的油漆出现泛黄的时间相对较长一点。

△ 密度板雕花刷白的木花格

十、软性隔断

在家居空间中软装也可以用来做隔断，这类隔断没有固定的材质和形态，充满艺术创造的隔断往往让人眼前一亮，让空间根据居住者的居住需求变化的同时，更成为艺术品位的展示。

例如在两个功能区之间，用绿植进行装饰，既能划分空间，同时也让房间显得非常的自然和谐。

此外，也可以考虑采用干枝和布艺等材质，用造景的手法去进行软性的隔断。这样的处理方式不但在空间的通透度上有很大的保证，同时由于多种材料造景的缘故，这种软性隔断也能成为空间中的亮点之一。

△ 运用干枝、鹅卵石等材料，用造景的手法设计隔断，形成较好通透性的同时还成为空间的装饰亮点

3

全屋收纳

客厅收纳

一、茶几收纳

茶几是家居客厅内的必备家具，除了用来摆放茶水之外，其实还隐藏着强大的收纳功能。在选择客厅的茶几时，可以挑选两层结构，或是包含收纳箱体的款式，可将一些生活杂物进行完美的收纳，非常实用。

除了传统的茶几外，还可以利用富有简约气质的木箱代替茶几，不仅能为客厅空间带来自然复古的装饰效果，还具有强大的收纳功能。木箱茶几上可以用于摆放茶壶、茶杯，而箱体内部空间则可以储存大量的杂物，完美地将收纳隐藏于其中。

△ 用木箱代替茶几

△ 带有储物篮的收纳型茶几

△ 两层结构包含箱体的收纳型茶几

二、电视柜收纳

　　小户型的客厅面积不大，因此适合搭配体量小巧、造型简洁的电视柜。可以将电视柜设计成半开放式的结构，封闭的抽屉可以用来收纳小物品，开放区域则可以用来展示。也可以将整个电视背景墙设计成一个组合式的电视柜，用于摆放电视以及收纳日常用品，不仅达到了一柜多用的效果，而且由于柜子覆盖了整个墙面，空间的整合度丝毫不会受到影响。

△ 悬挂式电视柜与餐柜连成一体

　　悬挂式电视柜是现代家居中的常见选择。在制作悬挂式电视柜时，要设计好离地高度，一般控制在能伸进去一个拖把的高度即可。如果电视柜的层板较长，其安装一定要牢固，不然时间长了会向下弯曲，甚至有可能发生断裂的现象。

△ 满墙定制电视柜

三、隔断柜收纳

　　很多户型的客厅是与其他功能区相连的，因此常常需要设计相应的隔断将空间分隔开来。选择开放式的隔断柜作为两个空间的隔断，不仅能提升室内空间的利用率，而且还能缓解室内的拥挤感，让空间的视野更加宽敞开阔。

　　对于客餐厅一体的户型来说，最常见的隔断当属矮柜隔断了。在客厅与餐厅之间放置一张矮柜，除了能在视觉上分隔客餐厅空间，矮柜还有着强大的收纳功能。但在搭配矮柜时，要注意控制好柜子的高度，一般以坐下时能刚好遮住人的视线为宜。

△ 实用的同时起到分隔空间作用的隔断柜

四、展示柜收纳

在客厅设计展示柜，不仅可以用于收纳书籍，让客厅空间充满文学艺术气息。而且还可以摆放收藏品以及饰品摆件，增加空间的装饰品质。需要注意的是，不要摆满每个格子，否则容易显得呆板单调，在中间穿插摆放一些艺术品和绿植，能让整体效果更加灵动活泼。

此外，在设计展示柜时，要以简洁大方为主，其整体设计不仅要满足物品收纳需求，还需具备一定的美观性。尤其是客厅内的展示柜，不能因造型太过复杂，而对室内的整体装饰风格造成影响。

△ 展示柜上的物品注意三角形陈设的原则，避免摆满每个格子

△ 客厅靠窗处的墙上设计展示柜，形成一个小型阅读区

五、墙面搁板收纳

如果不想让客厅墙面显得太复杂，可以只在电视机上方安装一条长搁板。简洁且不加雕琢的设计，具有一定的收纳作用。此外，还可以选择组合式搁板，不仅能增加陈列空间，还能增加客厅空间的设计美感。在沙发背景墙上设计搁板并搭配书籍、花草、工艺饰品等元素，实现收纳的同时可以达到美化客厅空间的效果。建议可把搁板高低摆放，最好长短不一，在视觉上较为活泼。

△ 一字形隔板

 安装搁板前要先测量沙发墙的长短，再决定搁板的宽度以及排数。建议大面积的沙发墙可以安装三排以上的搁板，如果墙面小，两排搁板就足够了。搁板的宽度建议不要超过30cm，一般控制在 23~27cm 之间效果较佳。

△ 曲折造型搁板

卧室收纳

一、床头柜收纳

床头柜作为卧室家具中不可或缺的一部分，不仅方便放置日常物品，对整个卧室也有装饰的作用。选择床头柜时，风格要与卧室相统一，如柜体材质、颜色，抽屉拉手等细节也是不能忽视的。如果床头柜放的东西不多，可以选择带单层抽屉的床头柜，不会占用多少空间。如果需要放较多东西，可以选择带有多个陈列格架的床头柜，陈列格架可以摆放很多饰品，也能用于收纳书籍或其他物品，可根据自身需要进行调整。

△ 抽屉结合单层陈列架的床头柜

△ 利用收纳箱叠放组成的床头柜

△ 方格式造型的床头柜

△ 错落型的床头柜显得富有动感

如果由于户型面积较小，布置完床后，没有放置床头柜的空间。可考虑在床头一边或者两边的墙面上，设计一个能收纳又具有装饰作用的置物架或者置物柜。比起普通的床头柜，悬挂在墙上的壁柜不仅不占用地面空间，而且能让卧室空间显得更为通透。

二、衣柜收纳

衣柜是卧室空间最为常见也是最为重要的收纳家具，其整体由柜体、隔板、门板、静音轮子、门帘、五金配件等组件构成，并以不锈钢、实木、钢化玻璃等为材料进行制作。衣柜的进深一般在 550~600mm 之间，除去衣柜背板和衣柜门，整个衣柜的深度在 530~580mm 之间。这个深度比较适合悬挂衣物，不仅不会因为深度不够造成衣服的褶皱，同时在视觉上也不会显得过于狭窄。

△ 隔断式衣柜让卧室成为一个独立空间

在设计衣柜时，要充分考虑家庭成员的因素。对于家中的老年人来说，叠放衣物较多，在设计衣柜时可以考虑多做些搁板和抽屉。老年人不宜上爬或下蹲，因此衣柜里的抽屉不宜放置在最底层，最好离地面 1m 高左右。如家中有孩子，应根据儿童的年龄以及性格特点设计衣柜。儿童的衣物通常挂件较少，叠放较多，而且还有孩子玩具的摆放等因素，因此在设计衣柜时可以有一个大的通体柜，可方便儿童随时打开柜门取放和收藏玩具，不仅能充分满足儿童活泼好动的心态，而且也较为安全。

△ 上下分层的衣柜兼具床头柜的功能

三、飘窗柜收纳

卧室空间的飘窗讲求对整体格局的综合性利用，因此在设计时需进行多样化的搭配，才能体现出其实用效果。如果是可以改造的飘窗，或是后期加装的飘窗，可考虑将其整体设计为收纳柜，不仅能存放不少换季的衣物或棉被，甚至可以存放行李箱等大件物品。

△ 利用飘窗的两侧设计开放式置物架

此外，还可以在飘窗的下部空间设计抽屉柜，用于存储体积较小或者较为常用的物品。如果飘窗的下面不存在墙体，可以考虑为其设计一排悬空式的抽屉。需要注意的是，在安装悬空式抽屉时，应用角铁加以固定，以提高使用时的安全系数。

△ 储物和休闲兼具的飘窗台，在大理石台板
　与地柜之间应用木工板衬底，增加牢固度

飘窗的两侧也是不可遗漏的收纳空间，可以将其设计成全开放或者半开放式的书架或置物架，用于陈列书籍或者软装饰品。结合底部的柜体收纳，不仅节省了许多的空间，还为飘窗的设计形式增添了很多情趣。

四、地台床收纳

　　家中的衣物数量往往会随着时间推移日渐增多，因此，衣物的存放便成为卧室储物中最为关键的部分。床是占据卧室空间面积最大的也是最主要的部分，特别是对于面积较小的卧室来说，若想增加其储物功能，带抽屉与储物柜的地台床无疑是最佳的选择，可将不常用的床品、衣物等放置于床箱中，丝毫看不出收纳的痕迹。

　　地台床对床垫的大小没有约束，可以选择 1.8m 或者 2.0m 的尺寸。制作地台床的材料选择实木相对比较环保，平时应经常打扫并保持内部干燥，以免出现发霉、受潮等现象。

△ 带抽屉的地台

△ 抽拉式储物的地台床

△ 上掀式储物的地台床

第三节　玄关收纳

一、鞋柜收纳

　　鞋的收纳在玄关收纳中占据很大一部分，而鞋柜是把各种鞋分门别类收纳的最佳地方，看起来不仅整洁，而且很方便。受限于空间不足，在小面积玄关设置鞋柜通常需将收纳功能整合并集中于一个柜体，再经过仔细规划设计，才能将小空间的效能发挥到极致，满足所有收纳的需求。

　　男鞋与女鞋大小不同，但一般来说，相差不会超过 3cm，因此鞋柜内的深度一般为 35~40cm，让大鞋子也刚好能放得下，但若能把鞋盒也放进鞋柜，深度至少需 40cm。建议在定做或购买鞋柜前，先测量好鞋盒尺寸作为依据。

△ 上下断层的鞋柜造型除实用之外，同时可以有放置工艺品的隔层

△ 能放进鞋盒的鞋柜深度尺寸

△ 鞋柜底部悬空，适合摆放临时更换的鞋子

二、换鞋凳收纳

换鞋凳是家居玄关处最为常见的家具，在方便日常生活的同时，还能为玄关空间增添许多美感。如果玄关空间较小，可搭配造型简单并且不占用过多空间的换鞋凳，追求实用的话可以选择具有收纳功能的换鞋凳，或者直接利用其他收纳器具充当换鞋凳的功能。如自带小柜子的换鞋凳足以收纳玄关的零碎物品，其柜子台面还可以摆放一些装饰品。

此外，换鞋凳可和衣柜、衣帽架等一体打造，嵌入墙体。这样的定制换鞋凳可以更好地适应不同户型的需要。

△ 换鞋凳与衣柜形成一体式的设计

三、墙面挂钩收纳

挂钩虽然不起眼，但如果搭配得当也能带来十分高效的收纳效果。特别是狭长形的玄关，其大面积的空白墙面正好可以用于装置挂钩，能在很大程度上提升立面空间的收纳效率。

很多小户型会选择在玄关空间直接摆放一个矮鞋柜，那么柜子的上方就可以设计一些挂钩，用于挂放诸如帽子、围巾、挂包和钥匙之类的日常用品，不仅不占用空间，而且取放也十分方便。也可以把挂钩设置在柜子另一侧的墙面上，用于收纳比较长的衣服、围巾等。挂钩的下方还可以用来摆放换鞋凳、伞架等零碎物品。

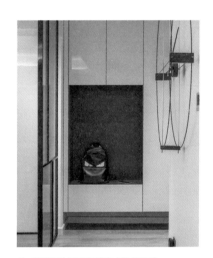

△ 利用柜体局部掏空形成的换鞋凳

△ 高低错落安装的挂钩让墙面显得更有层次感

△ 吸盘挂钩

△ 无痕挂钩

餐厅收纳

一、餐柜收纳

餐柜是餐厅空间必不可少的搭配，不仅具有改善用餐气氛、放置餐具等作用，而且还弥补了餐厅收纳空间不足的问题。餐柜的内部格局应灵活设计，要充分考虑可能会出现在这里的物品尺寸，灵活开放的内部空间设计，可以让不同大小的物品都能容纳进去。此外，还可以在餐柜上摆放工艺品摆件，以提升餐厅空间的装饰氛围。

餐柜的形式多样，根据需求可以有多种形式设计。如果选择一柜到顶的餐柜设计可充分利用整面墙，不浪费任何空间，大大增加收纳功能。上下封闭，中间镂空，空格的部分缓解了拥堵感，可以摆设小件饰品，柜子的其他部分能存放一些就餐需要的用品。

△ 三种柜门的设计形式让餐柜的收纳功能更为丰富

△ 对称设计的餐柜在收纳的同时还可以通过摆设饰品起到美化空间的作用

二、墙面柜收纳

在餐厅背景墙上做整面的收纳柜，并把局部掏空，可充当展示背景，同时又有储物功能，可谓是一举三得。如果墙面深度足够的话，那么可以考虑一下嵌入式书架，18~20cm 的深度已经足够，况且一整面墙的收纳量，足足可以省下一个书架了。当然里层的搁板设计不需要中规中矩，随意变化更有创意。

△ 嵌入墙体的大面积墙面柜具有开放式展示与封闭收纳双重功能

三、卡座收纳

现在很多的家居设计都把卡座引入餐厅空间，既实用又有格调，考虑小户型餐厅空间比较小的情况，采用卡座一方面可以节省餐桌椅的占用面积，另一方面卡座的下方空间还可以用于储物收纳，卡座的设计很好地将收纳空间和餐椅合二为一，而且还能让餐厅空间显得更加紧凑。

一般来说，卡座座面的宽度要求在 45cm 以上，高度应与椅子一致，一般在 420~450mm。如果卡座在设计的时候考虑使用软包靠背，座面的宽度就要多预留 5cm。同样，如果座面也使用软包的话，木工在制作基础的时候也要降低 5cm 的高度。

◆ U 形卡座设计

U 形卡座是在原有空间功能区划分的基础上进行的，因此相对来说对户型的结构要求会更高一些。此外，其三面的座位安排，真正做到了空间利用的最大化。

◆ 一字形卡座

一字形卡座也叫单面卡座，这种卡座的结构非常简单，没有过多花哨的设计，大多采用直线形的结构倚墙而设。

◆ L 形卡座

L 形卡座一般设置在墙角拐角的位置，这种形式能够充分利用家居空间，合理改造家居中空间布局结构的死角。

第五节 书房收纳

一、书桌收纳

　　书桌的收纳与整理，对于书房整体的设计效果有直观的影响。每个人都有把桌面摆放整齐的能力，除了日常维护的习惯，整理收纳的思路也十分重要。如果书桌选择定制，那么可以设计抽屉用来收纳书房的小物品。需要注意的是，抽屉的高度不宜过低，否则抽屉底板距离地面太近，可能下面的高度不够放腿。

　　由于书桌上常常会摆放电脑、台灯等电器，如果不整理好电线，让其相互缠绕，容易让桌面变得凌乱不堪。可以为书桌搭配一个收纳盒，将插座、电线统统收纳进来，化凌乱为整洁。而且手机、平板电脑在充电时可以整齐地放置在收纳盒上，以腾出桌面空间。需要注意的是，收纳盒的底部须留有一定的空隙，有利于通风散热。

△ 书桌上摆放收纳篮，方便收纳办公或学习用品

△ 书桌下方设计了一排抽屉，实用的同时显得简洁大气

二、书柜收纳

书柜的尺寸没有一个统一的标准，不仅包括宽度和高度等外部尺寸，还包括书柜内部的尺寸，如深度、隔板高度、抽屉的高度等。两门书柜的宽度尺寸在500~650mm 之间，三门或者四门书柜则扩大到 1.5~2 倍的宽度不等。一些特殊的转角书柜和大型书柜尺寸宽度可达到 1000~2000mm 之间，甚至更宽。书柜的高度要以成年人伸手可拿到书柜最上层的书籍为原则。

△ 上部的开放式书架方便拿取书籍，下部的封闭式储物柜用来收纳不常用的物品

△ 与书桌连成一体的组合式书柜

三、榻榻米收纳

很多户型由于整体面积较小，会在书房中加入客卧功能，以提升空间利用率。可将榻榻米与书房进行组合设计，在不占用过多空间的基础上，带来更加丰富的空间功能。比如采用书桌、书柜与榻榻米连接的设计，不仅可以增加书房的储物收纳功能，而且为榻榻米铺上软垫后还能作为一个临时的客卧。

△ 书桌、书柜与榻榻米连接的设计，让小空间实现多种功能

如果书房面积过小，则建议直接做成全屋榻榻米，并采用日式的推拉门设计。如果需要功能的多样性，还可以在书房靠墙的位置设计榻榻米，既能满足临时休息的需求，也可以将其作为一个休闲玩乐区，最重要的是可以增加更多的储物空间。

△ 书房做成全屋榻榻米的形式

第六节 厨房收纳

一、橱柜收纳

橱柜由地柜、吊柜、高柜三大结构组成，其结构又可细分为台面、门板、柜体、厨电、水槽、五金配件等部分。橱柜的内部结构规划得越细越好，比如多做一些隔板对内部进行合理分区，以收纳不同种类的东西。橱柜的下部空间可以设计一块区域用来放置锅具，上部空间则可以利用隔板或抽屉，将杯子、碗、壶等进行分类摆放。橱柜的分区设计不仅让厨具清晰明了，而且也提升了取用时的便利度。

现代家居的厨房空间通常会有很多诸如冰箱、微波炉、烤箱等厨房电器，如果不对厨房电器的摆放位置进行规划，会让厨房空间显得更为拥堵。采用内嵌式橱柜是最节省空间的厨电收纳方式。嵌入式的设计让橱柜将厨电隐藏于无形中，而且没有了外露的各种插头、线路，能让厨房空间显得更为整洁、干净。需要注意的是，嵌入式橱柜应搭配与其风格对应的厨房电器，让厨房的整体风格显得更为统一。

△ 橱柜内部应进行合理分区，以收纳不同种类的东西

△ 将厨房电器内嵌于橱柜之中节省出空间

◆ 单排形橱柜

将所有的柜子和厨房电器都沿一面墙放置。这种紧凑、有效的橱柜布局设计，适合中小户型或空间较为狭小的厨房采用。

◆ 双排形橱柜

橱柜中间有一条长长的走道，因此又被称为走廊型橱柜。此外，由于其橱柜沿着走道两边布置，像个"二"字，因此又被称为"二字形"橱柜。

◆ L 形橱柜

一般会把水槽或者灶台设置在短边的位置，然后水槽和灶台之间留下操作台的空间，这样的格局设计比较符合正常的厨房动线。

◆ U 形橱柜

可以充分利用厨房三个方位的空间，除去入门的这一面，其他墙面都是橱柜的适用范围，因此具有十分强大的收纳能力。

二、岛台收纳

岛台指的是独立于橱柜之外，底部设有柜体的单独操作区，一般适用于开放式的厨房空间。相比其他造型的橱柜，岛台具有面积更宽敞的操作台面和储物空间，便于多人同时在厨房烹饪以及收纳更多物品。

如有需要，也可以在岛台上安装水槽或烤箱、炉灶等厨房设备。在安装前，应先查看是否可以进行油烟管道、电路以及通风管的连接，并确保炉灶和水槽之间有足够的操作台面空间。

△ 利用岛台进行收纳

 可以在厨房中设计一个造型简洁的岛台，其位置可以独立设计，也可以与整体橱柜相连接。再搭配几把风格相近的吧台椅，将其打造成一个临时用餐、喝茶以及与家人交流的平台。

三、置物架收纳

厨房空间承载着每个家庭的锅碗瓢盆、柴米油盐，因此对收纳的需求很大。置物架对于厨房空间来说有着非常实用的收纳功能。

由于厨房的厨具种类有很多，因此在安装置物架的时候要将厨房用具分类放好，并按照厨房用具的不同类别将置物架安装在一个合理的位置。比如沥水架可以安装在洗碗槽的旁边，刀具架可以安装在灶台的角落上，而调料置物架则适合安装在离灶台比较近的地方。

△ 利用铁艺置物架收纳菜板与调味罐

四、洞洞板收纳

在规划厨房收纳方案时，运用一些简单而富有创意的收纳工具，能给生活带来很多便利。比如洞洞板就是以一个个圆洞为基础，根据需求添加挂钩、直板等配件，用以收纳厨房内的各种用具的收纳工具。

洞洞板属于一种开放式的收纳工具，其外观设计虽然比较简单，但可以根据需求，打造出最适合自己的收纳方式。此外，也可以在橱柜内部设计这样的洞洞板，能轻松地提升橱柜内部的收纳效率。

△ 利用洞洞板收纳

五、墙面挂钩收纳

如果厨房空间不够用，不妨试试利用挂钩从厨房的墙面上发掘出更多的收纳空间。用于制作挂钩的材质有铜、不锈钢、铝合金、塑料等几种，而且尺寸类型也十分丰富，在设计时，可根据需要悬挂的物品重量，选择相应款式的挂钩。

△ 厨房设计挂钩用来悬挂各类厨具用品，避免了杂乱感

第七节　卫浴间收纳

一、卫浴柜收纳

　　卫浴柜由台面、柜体以及排水系统三大部分组成，大理石台面＋陶瓷盆的组合是常见的台面设计。如果卫浴间的面积较大，可以对其进行干湿分区，并根据功能要求和审美需求选择不同形式的卫浴柜。

　　卫浴柜主要有落地式和挂墙式两种安装形式。在面积较小的卫浴间中，由于淋浴器、马桶、洗脸台已经占据了不少面积，所以要根据空间的实际情况以及格局来选择卫浴柜。如选择吊挂在墙角或是离地面较高的卫浴柜，将空置的区域利用起来，以缓解小卫浴间空间不足的问题，而且还便于清扫，也能有效隔离一定的地面潮气。

△　卫浴柜与储物篮相结合的收纳方式

△ 壁龛中利用灯带照明带来悬浮般的视觉效果

二、壁龛收纳

在卫浴间设置壁龛不仅不占用面积，而且具有一定的收纳功能，如果为其搭配适当的装饰摆件，还能提升卫浴间的品质，可以说是家居收纳设计中的点睛之笔。

制作壁龛时其深度受到构造上的限制，而且要特别注意墙身结构的安全问题。最重要的一点是不可在承重墙上制作壁龛，制作壁龛的墙体基础条件是：墙壁厚度不少于 30cm，而深度建议是 15~20cm。壁龛的高度差不多在 30cm 左右，一般都会在表面贴瓷砖，便于打扫，而且也防水防潮。壁龛的搁板材质可以采用钢化玻璃，也可以采用预制水泥板表面贴瓷砖。

△ 壁龛中可根据使用需要增加玻璃搁板

△ 浴缸上方的壁龛方便洗浴用品的摆放

三、镜柜收纳

　　镜柜通常在现代风格家居中用得比较多。小面积的卫浴间可以考虑在台盆柜的上方现场制作或定做一个镜柜，柜子里面可以收纳大量卫浴化妆的小物件。卫浴间一般来说都较为潮湿，所以在选购时一定要注意选用防潮材质的浴室镜柜。镜柜根据功能分为双开门式、单开门式、内嵌式等，需要根据墙面大小，选择适合的功能模式。

△ 镜柜里面可以收纳大量卫浴物件

△ 镜柜两侧或中间加入开放式展示柜

4

家居装修从入门到精通
设计实战指南

色彩搭配

色彩的基本属性

一、色相

色相由原色、间色和复色构成，是色彩的首要特征，也是区别各种不同色彩的标准。任何黑白灰以外的颜色都有色相的属性。色相的特征决定于光源的光谱组成，以及有色物体表面反射的波长辐射比值。

从光学意义上讲，色相差别是由光波波长的长短产生的。即便是同一类颜色，也能分为几种色相，如黄颜色可以分为中黄、土黄、柠檬黄等；灰颜色则可以分为红灰、蓝灰、紫灰等。光谱中有红、橙、黄、绿、蓝、紫六种基本色光，人的眼睛可以分辨出约 180 种不同色相的颜色。

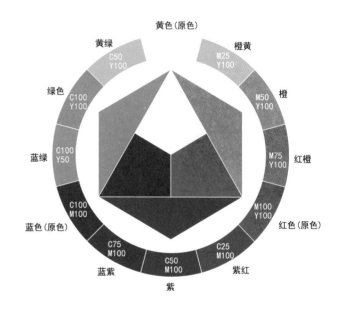

● 无彩色

无彩色是指白色、黑色、灰色等感受不到色彩的颜色。无彩色没有色相和纯度的概念，只用明度表示。无彩色和其他任何色彩都可以达成完美的协调。

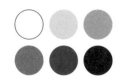

● 有彩色

有彩色是指红色、橙色、黄色、绿色、蓝色、紫色等能够感受到色彩的颜色。有彩色具备色相、纯度和明度三种颜色的属性。

二、色调

　　色调是指各颜色之间所形成的整体色彩倾向。例如一幅绘画作品虽然用了多种颜色，但总体有一种倾向，是偏蓝或偏红，是偏暖或偏冷等，这种颜色上的倾向就是一幅绘画的色调。不同色调表达的意境不同，给人的视觉感受和产生的色彩情感也不同。

　　色调的类别很多，从色相分，有红色调、黄色调、绿色调、紫色调等；从色彩明度分，可以有明色调、暗色调、中间色调；从色彩的冷暖分有暖色调、冷色调、中性色调；从色彩的纯度分，可以有鲜艳的强色调和含灰的弱色调等。以上各种色调又有温和的和对比强烈的区分，例如鲜艳的纯色调、接近白色的淡色调、接近黑色的暗色调等。

△ 接近白色的淡色调

△ 接近黑色的暗色调

△ 鲜艳的纯色调

三、纯度

色彩纯度，是指原色在色彩中所占据的百分比，是深色、浅色等色彩鲜艳度的判断标准。通常纯度越高，色彩越鲜艳。纯度最高的色彩就是原色，随着纯度的降低，色彩就会变得暗、淡。纯度降到最低就会变为无彩色，也就是黑色、白色和灰色。由不同纯度组成的色调，接近纯色的叫高纯度色，接近灰色的叫低纯度色，处于两者之间的叫中纯度色。

从视觉效果上来说，纯度高的色彩由于明亮、艳丽，因而容易引起视觉的兴奋和人的注意力；低纯度的色彩比较单调、耐看，更容易使人产生联想；中纯度的色彩较为丰富、优美，许多色彩似乎含而不露，但又个性鲜明。

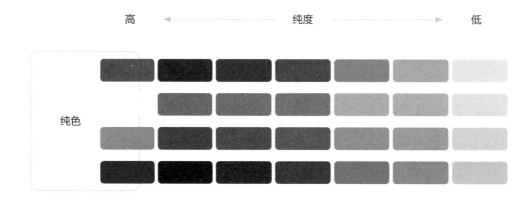

左右两件家具具有相同的色相和明度，但右边的纯度高，就会给人鲜艳的印象。

四、明度

明度是指色彩的明暗程度，各种有色物体由于其反射光量的区别，会产生颜色的明暗及强弱的不同。颜色有深浅、明暗的变化，如深黄、中黄、淡黄、柠檬黄等黄色系在明度上就不一样，紫红、深红、玫瑰红、大红、朱红、橘红等红色系在明度上也不尽相同。这些在明暗、深浅上的不同变化，也就是色彩的明度变化。

每一种纯色都有其相应的明度。黄色明度最高，蓝紫色明度最低，而红色、绿色为中间明度。色彩的明度变化往往会影响到纯度，如红色加入黑色以后明度降低了，同时纯度也降低了；如果红色加入白色则明度提高了，纯度却降低了。

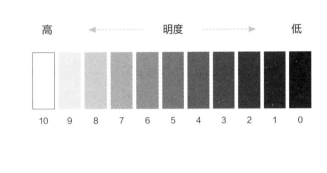

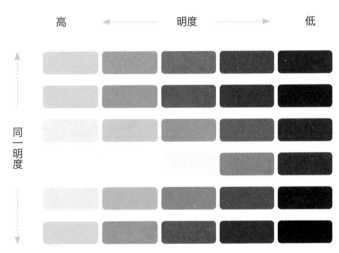

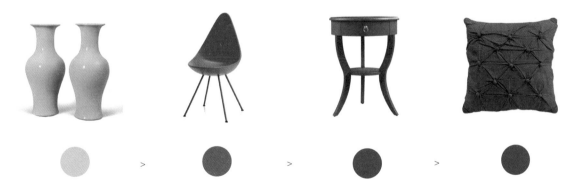

黄色比橙色亮，橙色比红色亮，红色比紫色亮

色彩的角色关系

一、构成视觉中心的主体色

主体色主要由大型家具或一些大型的室内陈设、装饰织物所形成的色彩搭配。主体色一般作为室内配色的中心色，因此在搭配其他颜色时，通常以主体色为主。卧室中的床品、客厅中的沙发以及餐厅中的餐桌等家具的颜色，都属于其对应空间内的主体色。

主体色的选择通常有两种方式，如需在空间中产生鲜明、生动的视觉效果，可选择与背景色呈对比效果的色彩；如要营造整体协调、稳重的感觉，则可以选择与背景色相近的颜色。

△ 主体色与背景色呈对比关系，整体显得富有活力

△ 对于客厅而言，沙发的颜色就是空间中的主体色

△ 主体色与背景色相协调，整体显得优雅大方

二、支配空间效果的背景色

背景色一般是指墙面、地面、天花、门窗等大面积的界面色彩。就软装设计而言主要指墙纸、墙漆、地面色彩，有时可以是家具、布艺等一些大面积色彩。背景色由于其绝对的面积优势，支配着整个空间的装饰效果，而墙面因为处在视线的水平方向上，对空间效果的影响最大，往往是室内空间配色首先关注的地方。

不同的色彩在不同的空间背景下，因其位置、面积、比例的不同，对室内风格、人的心理知觉与情感反应的影响也会有所不同。例如：在硬装上，墙纸、墙漆的色彩就是背景色；而在软装上，家具的颜色就从主体色变成了背景色来衬托陈列在家具上的饰品，形成局部环境色。

△ 华丽、跃动的居室氛围，背景色应选择高纯度的色彩

同样的色彩，只要背景色发生变化，整体感觉也会跟着变化

淡色给人干净、开放的感觉

纯色表现出激烈的情绪

暗色给人豪华、幻想的感觉

△ 自然、田园气息的居室，背景色可选择柔和的浊色调

三、锦上添花效果的衬托色

　　衬托色在视觉上的重要性和面积次于主体色，分布于小沙发、椅子、茶几、边几、床头柜等主要家具附近的小家具。如果衬托色与主体色保持一定的色彩差异，可以制造空间的动感和活力，但注意衬托色的面积不能过大，否则就会喧宾夺主。衬托色也可以选择主体色的同一色系或相邻色系，这种配色更加雅致。为了避免单调，可以提高衬托色的纯度形成层次感，由于与主体色的色相相近，整体仍然非常协调。

△ 作为衬托色的软装元素

△ 床头柜的衬托色和睡床的主体色形成色彩差异，制造出空间的活力与动感

△ 衬托色与主体色为同一色系，通过纯度差异形成层次感

四、起到强调作用的点缀色

点缀色是指室内易于变化的小面积色彩，比如靠垫、灯具、织物、植物花卉、饰品摆设等。点缀色一般会选用高纯度的对比色，以其强烈的色彩表现，打破室内单调的视觉效果。虽然使用的面积不大，但却是空间里最具表现力的装饰焦点之一。

点缀色具有醒目、跳跃的特点，在实际运用中，点缀色的位置要恰当，避免成为添足之作，在面积上要恰到好处，如果面积太大就会将统一的色调破坏，面积太小则容易被周围的色彩同化而不能起到作用。

△ 抱枕的颜色作为点缀色

△ 作为点缀色的软装元素

△ 装饰画的颜色作为点缀色

在家居装饰中，整个硬装的色调比较素或者比较深的时候，在软装上可以考虑用亮一点的颜色来提亮整个空间。如果硬装和软装是黑白灰的搭配，可以选择一两件颜色比较亮的单品来活跃气氛。黑白灰的色调里可以选择一抹红色、橘色或黄色，这样会带给人不间断的愉悦感受。

第三节 色彩的视觉特征

一、色彩的冷暖感

色彩的冷暖感主要是色彩对视觉的作用而使人体所产生的一种主观感受。红色、黄色、橙色以及倾向于这些颜色的色彩能够给人温暖的感觉，通常看到暖色就会联想到灯光、太阳光、荧光等，所以称这类颜色为暖色；蓝色、蓝绿色、蓝紫色会让人联想到天空、海洋、冰雪、月光等，使人感到冰凉，因此称这类颜色为冷色。

无彩色系，总的来说是冷色，灰色、金银色为中性色，黑色则为偏暖色调，白色为冷色。

△ 暖色的主要特征是视觉向前、空间变小、温暖舒适

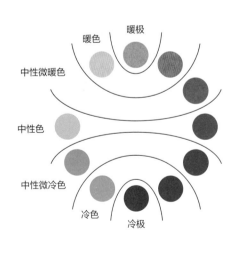

△ 冷色的主要特征是视觉后退、空间变大、宁静放松

二、色彩的轻重感

色彩的轻重感是由于不同的色彩刺激，而使人感觉事物或轻或重的一种心理感受。

决定轻重感的首要因素是明度，明度越低越显重，明度越高越显轻。明亮的色彩如黄色、淡蓝等给人以轻快的感觉，而黑色、深蓝色等明度低的色彩使人感到沉重。其次是纯度，在同明度、同色相条件下，纯度高的感觉轻，纯度低的感觉重。所有色彩中，白色给人的感觉最轻，黑色给人的感觉最重。

△ 层高低的空间顶面可采用较轻的白色，让视觉感更加开阔

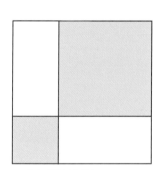

△ 给人感觉轻的颜色

△ 给人感觉重的颜色

△ 层高过高的空间顶面可采用较墙面更浓重的颜色，降低视觉重心

三、色彩的软硬感

色彩的软硬感主要与明度有关系,明度高的色彩给人以柔软、亲切的感觉;明度低的色彩则给人坚硬、冷漠的感觉。此外,色彩的软硬感还与纯度有关,高纯度、低明度的色彩都呈坚硬感;高明度、低纯度的色彩有柔软感,中纯度的色彩也呈柔软感,因为它们易使人联想到动物的皮毛和毛绒织物。暖色系较软,冷色系较硬。在无彩色中,黑色与白色给人以较硬的感觉,而灰色则较柔软。进行软装设计时,可利用色彩的软硬感来创造舒适宜人的色调。

△ 低纯度、高明度的色彩,给人轻柔舒适感

△ 即使是纯度很高的橙色,在降低了明度以后,也会给人坚硬感

四、色彩的进退感

　　色彩的进退感多是由色相和明度决定的，活跃的色彩有前进感，如暖色系和高明度色彩就比冷色系和低明度色彩活跃，冷色系、低明度色彩有后退感。色彩的前进与后退还与背景密切相关，面积对比也很重要。

　　在家居装饰中，利用色彩的进退感可以从视觉上改善房间户型缺陷。如果空间空旷，可采用前进色处理墙面；如果空间狭窄，可采用后退色处理墙面。例如把过道尽头的墙面刷成红色或黄色，墙面就会有前进的效果，令过道看起来没有那么狭长。

相同形状和大小的图形，左边的蓝色要比右边的黄色看起来小

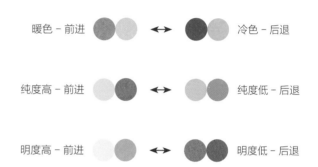

暖色 – 前进 ↔ 冷色 – 后退

纯度高 – 前进 ↔ 纯度低 – 后退

明度高 – 前进 ↔ 明度低 – 后退

△ 狭窄的过道墙面运用冷色在视觉上有后退感，会显得更加开阔

△ 过道端景墙刷成红色或黄色，墙面在视觉上会有前进的效果

五、色彩的缩扩感

物体看上去的大小，不仅与其颜色的色相有关，明度也是一个重要因素。暖色系中明度高的颜色为膨胀色，可以使物体看起来比实际大；而冷色系中明度较低的颜色为收缩色，可以使物体看起来比实际小。像藏青色这种明度低的颜色就是收缩色，因而藏青色的物体看起来就比实际小一些。

在家居装饰中，只要利用好色彩的缩扩感，就可以使房间显得宽敞明亮。比如，粉红色等暖色的沙发看起来很占空间，使房间显得狭窄、有压迫感。而黑色的沙发看上去要小一些，让人感觉剩余的空间较大。

△ 膨胀色的软装元素

△ 收缩色的软装元素

△ 橙色餐椅在视觉上具有膨胀感

△ 冷色系中明度较低的宝蓝色在视觉上具有一定的收缩感

色彩的情感表达 第四节

一、热情奔放的红色

　　不同国家，红色代表的含义也不相同。例如在中国，红色象征着繁荣、昌盛、幸福和喜庆，在婚礼上和春节中都喜欢用红色来装饰。大红色艳丽明媚，容易形成喜庆祥和的氛围，在中式风格中经常被采用；酒红色就是葡萄酒的颜色，那种醇厚与尊贵会给人一种雍容的气度与豪华的感觉，所以为一些追求华贵的居住者所偏爱；玫瑰红格调高雅，传达的是一种浪漫情怀，这种色彩为大多数女性喜爱。

　　红色除了增加温暖感的同时，还具有刺激食欲的作用，用在餐厨空间的装饰上相当合适，这也是很多餐厅选用红色作为背景色的原因。红色在家居空间中既可以作为主色调装扮空间，也可以作为装饰的点缀色，串联整个空间。

△ 红色在传统文化中寓意富贵与吉祥，在中式风格空间中应用较多

△ 红色墙面与金色软装元素的组合传达出低调奢华的气息

二、娇柔甜美的粉色

粉红色一向是偏女性的颜色，这种几乎专属于女性的颜色，获得了许多女性的喜爱，并被用在家居设计中。

粉色一直是时尚家居中不可缺少的元素，适度搭配不仅不会过于女性化，还能让家更温馨舒适。几盏粉色的灯饰、一把粉色的椅子或一幅粉色的装饰画，在软装细节中用点粉色，可以让人感受到居住者的巧思和对时尚色彩的敏感度。最简单的做法是在沙发上或床上增加一两个粉色的抱枕，或是在茶几或餐桌上摆放一盆粉色的鲜花，家里立马就变得鲜活了起来，跳脱而又不突兀。

粉色通常使用在小女生的房间，因为粉色是一个代表典雅、浪漫的色彩，适合营造梦幻的气氛。例如在软装布置时把卧室的床单换成柔和的粉色，然后再选用同色的布艺枕头以及有粉色印花的窗帘，在白色墙面的衬托下，形成罗曼蒂克的浪漫格调。

△ 呈现高级感的粉色可给房间增加轻柔的气质

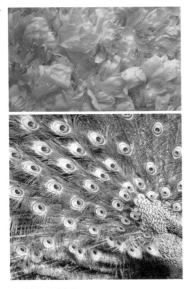

△ 粉色灵感来源

△ 大面积粉色中穿插黄绿色的对比，满足公主梦的同时避免视觉疲劳

三、阳光活力的橙色

橙色是红黄两色结合产生的一种颜色，因此，橙色也具有两种颜色的象征含义，具有明亮、华丽、健康、兴奋、温暖、欢乐、辉煌以及容易动人的色感。橙色还使人联想到金色的秋天，丰硕的果实，是一种富足、快乐而幸福的颜色。

在室内设计中，把橙色用在卧室不容易使人安静下来，不利于睡眠，但将橙色用在客厅则会营造欢快的气氛。同时，橙色有诱发食欲的作用，所以也是装点餐厅的理想色彩。但因橙色用的面积过多容易产生视觉疲劳，所以最好只作点缀使用。

△ 橙色和蓝色进行搭配表现出显著的对比效果，在时尚风家居中应用广泛

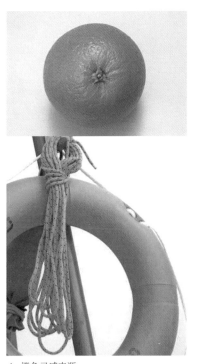

△ 橙色灵感来源

△ 爱马仕橙是轻奢风格空间中最常见的色彩之一

四、轻松明快的黄色

黄色总是与金色、太阳、启迪等事物联系在一起。许多春天开放的花朵都是黄色的，因此黄色也象征新生。水果黄带着温柔的特性；牛油黄散发着一股原动力；而金黄色又带来温暖的感觉。

黄色系具有优良的反光性质，能有效地使昏暗的房间显得明亮。中国人对黄色特别偏爱。这是因黄色与金黄同色，被视为吉利、喜庆、丰收、高贵。

△ 在餐厅中使用代表食品的黄色，给人丰衣足食的美好寓意

△ 黄色灵感来源

△ 纯度较高的黄色通常作为黑白灰空间中的点缀色

在家居设计中，一般不适合用纯度很高的黄色作为主色调，容易刺激人的眼睛造成不适感，室内空间比较适合采用低纯度的黄色。例如淡茶黄色能给人以沉稳、平静和纯朴之感；用米黄色作为室内色彩基调，给空间带来一种温馨、静谧的生活气息。

五、自然清新的绿色

绿色系被认为是大自然本身的色彩，能令人内心平静、松弛。绿色是生命的原色，象征着生机盎然、清新宁静与自由和平，通常被用来表示新生以及生长。

绿色调预示着生长与和谐，是客厅空间完美的墙面颜色。要想让空间保持现有氛围，那就远离明亮的粉色调，去选择让人联想到丛林树叶的深色调，通常较深的绿色适合搭配更多的软装。此外，因为绿色给人的感觉偏冷，所以一般不适合在家居中大量使用，绿色唯有接近黄色阶时才开始趋于暖色的感觉。

△ 绿色墙面与原木色家具是绝佳搭配，两组颜色都来源于大自然

△ 绿色搭配白色表达出清新舒适的北欧风情

△ 绿色灵感来源

△ 只要在家具单品上适当点缀宝石绿，就足以吸引人的眼球

六、纯净之美的蓝色

　　蓝色会使人自然地联想起宽广、清澄的天空和透明深沉的海洋，所以也会使人产生一种爽朗、开阔、清凉的感觉。蓝白搭配表现出浓郁的地中海风情。蓝色与三原色中的其他两个颜色搭配，可产生鲜艳活泼的感觉，例如蓝与红或蓝与黄，强烈的视觉对比赋予家居别样的气质。

　　蓝色是最受欢迎的颜色之一，它可以用在任何居住空间中。如果用蓝色去营造一个"情绪暗示"的空间时，可以选用较暗的蓝色，或是深蓝、浅蓝甚至是灰蓝色调。如果是在朝北或朝西的光线不足的房间里，用暗蓝色调来粉刷会形成一种怀旧感。这种颜色用在卧室中特别适合减压，如果想要尝试在浴缸中休息与放松，也可以将它用作浴室的主色调。

△ 蓝色与白色的搭配是地中海风格软装的经典配色

△ 灰蓝色墙面适用于单身男性的卧室，表现出理性沉稳的气质

七、典雅浪漫的紫色

紫色是一种高贵神秘且略带忧郁的色彩，一直以来，紫色都与高贵、浪漫、亲密、奢华、神秘、幸运、贵族、华贵等词有关。

紫色是家居设计中的经典颜色，总给人无限浪漫的联想，追求时尚的居住者最推崇紫色。紫色或是运用到极致或是只作点缀，都会让空间呈现不一样的氛围。大面积的紫色会使空间整体色调变深，从而产生压抑感。建议不要放在需要欢快气氛的居室房间中，那样会使得身在其中的人有一种不适感。如果真的很喜欢，可以在居室的局部作为装饰亮点，比如卧房的一角、卫浴间的帷帘等小地方。

△ 紫色在灰调空间中起到调和作用，给极富都市感的房间添加温情

△ 紫色灵感来源

△ 紫色搭配白色显得清新有活力，营造一个充满女性特征的卧室空间

△ 紫色搭配粉色的轻奢风格增加女性卧室空间的柔美气质

八、舒适百搭的米色

米色是浅黄略白的颜色。自然界有很多米色物质存在，属于大自然颜色，一般而言，麻布的颜色就是米色。米色系和灰色系一样百搭，但灰色太冷，米色则很暖。相比白色，它含蓄、内敛又沉稳，并且显得大气时尚。米色系中的米白、米黄、驼色、浅咖色都是十分优雅的颜色。

大面积使用米色显得温暖舒适，恬静温馨。但米色需要不同明度、纯度、色相组合使用，才能丰富空间层次，增加细腻程度。如果要想得到更好的效果，充足的采光和足够面积的白色对米色空间很重要，因为过多的米色会让一个房间看起来令人疲倦或压抑，日光和白色可以缓解沉闷感。

△ 黑白色组合是表现现代简约家居风格的经典配色方案

△ 米色十分适合运用在卧室空间的墙面上

九、神秘酷感的黑色

黑色没有其他色彩的万千变化，却有着与生俱来的低调和优雅。在家居空间中，黑色可以与不同颜色搭配出不同的气质，如素洁、简朴，有现代感。作为无彩色系的黑色是色彩的一个极端，单纯而简练，节奏明确，是家居设计中永恒的配色。

很多现代简约风格的家居空间都会利用黑色，但是要灵巧运用黑色，而不是用太多的黑色。黑色能够让任何一个色彩看起来干净，但它本身并不是一个重点，它能够给空间营造一种对比平衡。把黑色少量地用于环境的局部，可以是一把黑色的椅子或花瓶，或者作为音响、电视等电器设备的颜色，作为一种点缀，可带来很好的装饰效果。

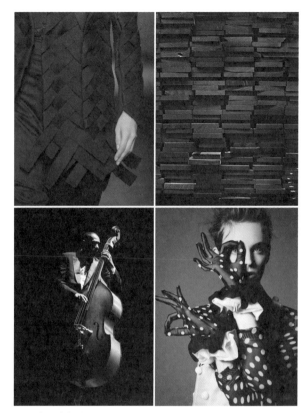

△ 黑色灵感来源

△ 黑白色组合是表现现代简约家居风格的经典配色方案

△ 黑色与金色的搭配，给人一种高档感和品质感

十、纯洁高雅的白色

白色在众多色彩中是最干净、纯粹的颜色，犹如冬日暖阳下的雪那般明亮、清新。在家居设计中，利用白色来提升空间感是再好不过了。白色能与任何色彩混搭，还能呈现出不同的气质与韵味，

白色给人年轻、纯洁、柔和、高雅的感觉，往往被大量使用在室内环境中，但大多数时间它不是以纯白出现的，只是接近白的颜色。纯白由于太纯粹而显得冷峻，接近的白色既有白色的纯净，也有容易亲近的柔和感，例如象牙白、乳白等。北欧人特别喜欢白色调风格的住宅环境。此外，白色调的装修也是小户型的最爱，白色属于膨胀色，可以让狭小的房间看上去更为宽敞明亮。

△ 白色的茶几与沙发表面具有质感差异，实现丰富细节层次的目的

△ 白色灵感来源

△ 纯净的白色是北欧风格家居最常用的色彩之一

△ 高级灰加上白色，给人一种北欧风格的小清新之感

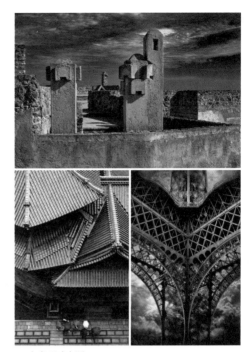

△ 灰色灵感来源

△ 利用深灰色的墙面作为背景，表现出简洁利落的空间气质

十一、低调冷峻的灰色

灰色是一种稳重、高雅的色彩，象征理性和智慧。灰色不像黑色与白色那样会明显影响其他的色彩，因此非常适合作为背景色彩。任何色彩都可以和灰色相混合。没有色彩倾向的灰色只是作为局部配色以及调色用，带有一定色彩倾向的灰色则常常被用来作为住宅装饰的色调。浅灰色显得柔和、高雅而又随和；深灰色有黑色的意象；中灰色最大的特点是带点纯朴的感觉。

近年来，高级灰迅速走红，深受人们的喜欢，灰色元素也常被运用到软装搭配中。通常所说的高级灰，并不是单单指代某几种颜色，更多指的是整体的一种色调关系。有些灰色单拿出来并不是显得那么的好看，但是它们经过一些关系组合在一起，就能产生一些特殊的氛围。

十二、富贵华丽的金色

金色具有高纯度和明度，给人华丽高贵和富丽堂皇的感觉。它属于百搭色，基本上适用于任何一种家居风格。金色、银色可以与任何颜色相搭配，但金色和银色一般不能同时存在，只能在同一空间使用金色或银色中的一种。

在家居空间中，金色的运用可以是大面积的，也可以是装饰性的。如果居室面积很大，可以大块面地使用来显现豪华与气派；若居室面积不够大，则可用金色饰品来调节气氛，或者选择有品位的家具单品来提升居室的档次。其实金色想要运用得好看，选对单品是关键。选择一款有质感的金色单品，才能提高整体软装的格调，营造高级感。

△ 金色灵感来源

△ 运用金色的挂画调节气氛，可提升整体软装的格调

△ 金色雕花最适合表现欧式风格家具的尊贵感

色彩的搭配方式

第五节

一、同类色搭配

在家居设计中，运用同色系做搭配是较为常见、最为简便并易于掌握的配色方法。同色系中的深浅变化及其呈现的空间景深与层次，可让整体尽显和谐一致的美感。但必须注意同类色搭配时，色彩之间的明度差异要适当，相差太小，太接近的色调容易相互混淆，缺乏层次感；相差太大，对比太强烈的色调会造成整体的不协调。同类色搭配时最好有深、中、浅三个层次变化，少于三个层次的搭配显得比较单调，而层次过多容易显得杂乱。

△ 同类色搭配方案应用简便，给人优雅舒适的感觉

二、邻近色搭配

邻近色搭配是在选定一种自己喜欢的颜色后，再从色谱上选取几种与这种颜色相邻的颜色，并根据各种颜色，采用按不同比例进行搭配的配色方案。如黄与绿，黄与橙，红与紫等。虽然它们在色相上有很大差别，但在视觉上却比较接近。搭配时通常以一种颜色为主，另一种颜色为辅。

这种搭配方式在视觉上的感受会较同色系的搭配丰富许多，让空间呈现多元层次与协调的视觉观感。搭配时一方面要把握好两种色彩的和谐，另一方面又要使两种颜色在纯度和明度上有区别，使之互相融合，取得相得益彰的效果。

△ 邻近型配色方案让空间呈现多元层次与协调的视觉观感

三、对比色搭配

对比色是两种可以明显区分的色彩，如红与蓝、红与黄、蓝与黄。在家居设计中，运用对比色搭配是一种极具吸引力的挑战。因为在强烈对比之中，暖色的扩展感与冷色的后退感都表现得更加明显，彼此的冲突也更为激烈。要想实现恰当的色调平衡，最基本的就要避免色彩混乱。弱化色彩冲突的要点首先在于减低其中一种颜色的纯度；其次注意把握对比色的比例，最忌讳两种对比色使用相同的比例，除了突兀，更会让人感觉视觉不快。所以，在对比色中也要确定一种主色，一种辅色。

 一般来说，主色多用在室内顶面、墙面、地面等面积较大的地方，辅色则用于家具、窗帘、门框等面积较小的地方，再配以少许的白、灰、黑等与之组合，就是一个成功的配色案例。

△ 蓝色与黄色的对比搭配

四、中性色搭配

黑色、白色及由黑白调和的各种深浅不同的灰色系列，称为中性色。中性色是介于三大色——红黄蓝之间的颜色，不属于冷色调，也不属于暖色调，主要用于调和色彩搭配，突出其他颜色。

中性色搭配需要做到以下几点：首先明确中性色是多种色彩的组合而非使用一种中性色，并且需要通过深浅色的对比营造出空间的层次感；其次，在中性色空间的软装搭配中，应巧妙利用布艺织物的纹理与图案创造出设计的丰富性；最后是把握好色彩的比例，在以中性色为主色的基础上，增添一些带彩色的中性色可以让整个配色方案更显出彩。

△ 利用床品布艺的纹样，使中性色空间更富趣味性

五、互补色搭配

互补色搭配是最强烈的对比，以红和绿、黄和紫、蓝和橙为最典型，比对比色的视觉效果更加强烈和刺激。互补色一般可通过面积大小、纯度、明亮的调和来达到和谐的效果，使其表现出特殊的视觉对比和平衡效果。

由于互补色之间的对比相当强烈，因此想要适当地运用互补色，必须特别慎重考虑色彩间的比例问题，配色时，必须利用大面积的一种颜色与另一个面积较小的互补色来达到平衡。如果两种色彩所占的比例相同，那么对比会显得过于强烈。例如红与绿如果在画面上占有同样面积，就容易让人头晕目眩。可以选择其中之一的颜色为大面积，构成主调色，而另一颜色为小面积作为对比色。一般会以 3：7 甚至 2：8 的比例分配。

△ 红绿色的互补色组合是中国民俗文化中十分常见的色彩搭配方案

居住人群与色彩搭配

一、男孩房色彩搭配

儿童房的色彩搭配应以明亮、轻松、愉悦为主，在孩子们的眼中，并没有什么流行色彩，只要是反差比较大、浓烈、鲜艳的纯色都能够吸引他们的兴趣。因此，不妨在墙面、家具、饰品上，多运用对比色以营造欢乐童趣的气氛。

婴幼儿时期可以选择鲜艳的色彩，鲜艳的颜色可以促进婴儿大脑的发育。到了活泼好动的年纪，男孩的房间可以选择常规的绿色系、蓝色系配色。蓝白色系的搭配是最常用的男孩房配色。但不宜使用太纯、太浓的蓝色，可以选择浅湖蓝色、粉蓝色、水蓝色等与白色进行搭配，给男孩房营造含蓄内敛的气质。此外，还可以利用具有鲜明色彩的玩具、书籍等元素和蓝白色系的空间基调形成一定的视觉对比，营造更为丰富的装饰效果。

△ 蓝白色是男孩房常见的配色方案之一

△ 男孩房常用的配色方案

二、女孩房色彩搭配

通常来说，暖色系装饰女孩房非常符合其性格特征，如粉色、红色及中性的紫色等色彩。

绿色是非常中性的颜色，装点儿童房可以增加自然感。使用时可以搭配白色和少量黄色，令整体氛围欢快而又充满自然感。粉色系是女孩们的最爱，在女孩房中搭配粉色系的窗帘、床品以及装饰品，能让整体空间显得清新浪漫。在这片粉色的海洋中，可以适当地加入绿色作为点缀色，能营造出"粉色娇媚如花，绿色青翠如树"的空间氛围，让人仿佛进入爱丽丝的仙境中。

△ 女孩房常用的配色方案

△ 粉色系的搭配营造甜美梦幻、活泼俏皮的氛围

三、老人房色彩搭配

老年人一般都喜欢安静的环境，在装饰老人房时要考虑到这点，可使用一些舒适、安逸、柔和的配色，应避免使用红、橙等易使人兴奋的高纯度色彩。例如，使用色调不太暗沉的中性色，表现出亲近、祥和的感觉。在柔和的前提下，也可使用一些对比色来增添层次感和活跃度。暖色系使人感到安全、温暖，能够使老人感到轻松、舒适。但注意要使用低纯度、低明度的暖色系。

幼儿阶段喜爱的低纯度浅粉色对于老年人的视力而言，容易觉得刺眼或者无色彩感，而相对饱和的中灰色粉色系更能维持老年人的视觉活力。

△ 中性色的搭配适合表现老人房安逸祥和的氛围

四、男性空间色彩搭配

男性空间的配色应表现出阳刚、有力量的视觉印象。具有冷峻感和力量感的色彩最为合适。例如冷色调的蓝色、灰色、黑色，或者暗色调、浊色调的暖色。若觉得暗沉色调显得沉闷，可以用纯色或者高明度的黄色、橙色、绿色等作为点缀色。深暗色调的暖色，例如深茶色与深咖色可展现出厚重、坚实的男性气质。而暗浊的蓝色搭配深灰，则能体现高级感和稳重感。在深色调中加入白色，可以显得更加干练和充满力度。

△ 黑白灰的整体色调，表现出男性空间简洁的气质

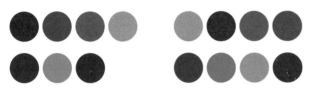

△ 男性空间常用配色方案

五、女性空间色彩搭配

女性空间的配色不同于男性空间，色彩的选择基本没有限制，即使是黑色、蓝色、灰色也可以应用，但需要注意色调的选择，避免过于深暗的色调。女性空间应展现出女性特有的温柔美丽和优雅气质，配色上常以温柔的红色、粉色等暖色系为主，色调反差小，过渡平稳。

此外，女性空间经常使用糖果色进行配色，如以粉蓝色、粉绿色、粉黄色、柠檬黄、宝石蓝和芥末绿等甜蜜的色彩为主色调，这类色彩具有香甜的感觉，能带给人清新甜美的感受。此外，紫色具有特别的效果，能创造出浪漫的氛围。

△ 高纯度的紫红色与水蓝色形成一组对比色，创造出一个追求个性的年轻女性的卧室空间

△ 粉色是女性的代表色，可以展现出甜美、梦幻的感觉

△ 女性空间常用配色方案

一、客厅色彩应用

　　客厅空间的面积一般比其他房间大，因此在色彩运用上也最为丰富。光线较暗的客厅不适合过于沉闷的色彩处理，除了小局部的装饰，尽量不要使用黑、灰、深蓝、深棕等色调。无论是墙面还是地面都应该以柔和明亮的浅色系为主，浅色材料具有反光感，能够调节居室暗沉的光线。建议使用白色、奶白色、浅米黄等颜色作为墙面的色调，而地面则建议使用原木色木地板或白色地砖。这样可以使进入客厅的光线反复折射，从而起到增亮客厅的作用。

　　对于小户型客厅来说，墙面色彩的选择最普遍的就是白色。白色的墙面可让人忽视空间存在的不规则感，在自然光的照射下折射出的光线也更显柔和，明亮但不刺眼。

△　具有膨胀感的白色是小户型客厅墙面最普遍的选择

△　淡雅的冷色调墙面给光照充足的客厅带来凉意

二、卧室色彩应用

卧室空间的色彩应尽量以暖色调和中性色为主，过冷或反差过大的色调尽量少使用。而且色彩数量不要太多，搭配2~3种颜色即可，多了会显得眼花缭乱，影响睡眠。

通常墙面、地面、顶面、家具、窗帘、床品等是构成卧室色彩的几大组成部分。面积较大的卧室可选择多种颜色来诠释；小面积的卧室颜色最好以单色为主。卧室的地面一般采用深色，不要和家具的色彩太接近，否则影响立体感和明快的线条感。此外，卧室家具的颜色要考虑与墙面、地面等颜色的协调性，浅色家具能扩大空间感，使房间明亮爽洁；中等深色的家具可使房间显得活泼明快。

△ 和谐的色彩搭配有助于营造温馨舒适的睡眠环境

△ 在考虑卧室的色彩搭配时，需要将窗帘、床品、地毯以及台灯等小饰品的色彩一并考虑在内，才能形成协调和谐的效果

三、儿童房色彩应用

　　儿童房的色彩应确定一个主调，这样可以降低色彩对视觉的压力。体积较大的家具不宜用太过鲜艳的颜色，而应保持柔和的色调，如粉色、浅蓝色、淡黄色等，以减少过强的刺激。体积小的、易于拿取的物件应采用鲜艳的颜色。鲜艳的色彩有利于视觉的丰富、思维的活跃。冷暖色互补组合可给人深刻的印象，例如暖色系的房间里可适当点缀少许冷色调的饰物，可以满足儿童视神经发育的需要。

△ 婴儿时期儿童房配色方案

△ 幼儿时期儿童房配色方案

△ 白色的硬装墙面与五彩缤纷的软装陈设成为儿童房装饰的主旋律

四、书房色彩应用

　　书房是用于学习、思考的空间，因此在为其搭配色彩时，应避免强烈的刺激。书房适合搭配明亮的无彩色或灰色、棕色等中性颜色，当然选用白色来提高书房空间的亮度也是个不错的选择。书房内的家具颜色应该和整体环境相统一，通常应该选用冷色调，可以让人心平气和，集中精神。

　　如果没有特殊需求，书房的装饰色彩尽量不要采用高明度的暖色调，因为在一个轻松的氛围中出现容易让人情绪激动的色彩，自然就会对心情的平和与稳定造成影响，达不到良好的学习效果。

△ 蓝色为主的书房空间具有让人迅速冷静的作用

五、餐厅色彩应用

餐厅是家居空间中进餐的专用场所，一般会和客厅连在一起，在色彩搭配上要和客厅相协调。具体色彩可根据家庭成员的爱好而定。通常色彩的选择要从面积较大的部分开始，最好首先确定餐厅顶面、墙面、地面等硬装的色彩，然后再考虑选择色彩合适的餐桌椅与之搭配。

通常餐厅的颜色不宜过于繁杂，以两种到四种色调为宜。因为颜色过多，会使人产生杂乱和烦躁感，影响食欲。在餐厅中应尽量使用邻近色调，太过跳跃的色彩搭配会使人感觉心里不适，相反，邻近色调则有种协调感，更容易让人接受。其中黄色和橙色等明度高且较为活泼的色彩会给人带来甜蜜的温馨感，并且能够很好地刺激食欲。在局部的色彩选择上可以选择白色或淡黄色，这是便于保持卫生的颜色。

△ 小餐厅空间适合采用高明度的色彩搭配

△ 餐厅中适当运用黄色可起到刺激食欲的效果

六、厨房色彩应用

面积较大的厨房空间可选用吸光性强的色彩，这类低明度的色彩给人以沉静之感，也较为耐脏。反之，空间狭小、采光不足的厨房，则适合搭配明度和纯度较高、反光性较强的色彩，因为这类色彩具有空间扩张感，能在视觉上弥补空间小和采光不足的缺陷。此外，厨房是高温操作环境，墙面瓷砖的色彩应以浅色和冷色调为主，例如白色、浅绿色、浅灰色等。也可以将厨房墙砖的颜色和橱柜的颜色相匹配，这样的搭配会显得非常整洁大气。

选择厨房用品时，不宜使用反差过大、过多过杂的色彩。有时也可将厨具的边缝配以其他颜色，如奶棕色、黄色或红色，目的在于调节色彩，特别是在厨餐合一的厨房环境中，配以一些暖色调的颜色，与洁净的冷色相配，有利于促进食欲。

△ 采光不足的厨房适合搭配明度和纯度较高、反光性较强的色彩

△ 因为厨房是高温操作环境，选择冷色调可增加人的心理舒适感

△ 空间狭小的厨房适合选择大面积白色增加开阔感

七、卫浴间色彩应用

卫浴间的色彩是由诸如墙面、地面材料、灯光照明等颜色融合而成，并且还要受到盥洗台、洁具、橱柜等物品色调的影响，要综合考虑是否与整体色调相协调。

要避免视觉的疲劳和空间的拥挤感，应选择有清洁感的冷色调为卫浴间的主要背景色。在配色时要强调统一性，过于鲜艳夺目的色彩不宜大面积使用，以减少色彩对人心理的冲击与压力。色彩的空间分布应该是下部重、上部轻，以增加空间的纵深感和稳定感。白色干净而明亮，给人以舒适的感觉。对于一些空间不大的卫浴间来说，选择白色能够扩展人的视线，也能让整个环境看起来更加舒适，因此，白色往往是卫浴间的首选。但为了避免单调，可以在白色上点缀小块图案，起到装饰的效果。

△ 蓝白色彩的卫浴间带来清凉感，能让人迅速放松下来

△ 具有清洁感的冷色是卫浴间的常见色彩之一

软装元素色彩搭配

一、家具色彩搭配

如果室内空间的硬装色彩已经确定，那么家具的颜色可以与墙、地面的颜色进行搭配。例如将房间中大件家具的颜色靠近墙面或者地面，这样就保证了整体空间的协调感。小件的家具可以采用与背景色对比的色彩，从而制造出一些变化。一方面增加整个空间的活力，另一方面又不会破坏色彩的整体感。

另一种方案是将主色调与次色调分离出来。主色调是指在房间中第一眼会注意到的颜色。大件家具按照主色调来选择，尽量避免家具颜色与主色调差异过大。在布艺部分，可以选择次色调进行协调，这样显得空间更有层次感，主次分明。

还有一种方案是将房间中的家具分成两组，一组家具的色彩与地面靠近，另一组则与墙面靠近，这样的配色很容易达到和谐的效果。如果感觉有些单调，那就通过一些花艺、抱枕、摆件、壁饰等软装元素的鲜艳色彩进行点缀。

△ 与墙面、窗帘等大块面色彩融为一体的家具保证了空间整体的协调感

△ 利用小件家具与空间的主色调形成对比，增加活力感

151

二、灯具色彩搭配

　　色彩是灯具搭配非常重要的一个因素。灯具的色彩通常是指灯具外观所呈现的色彩，指陶瓷、金属、玻璃、纸质、水晶等材料的固有颜色和材质效果。灯罩也是灯具能否成为视觉亮点的重要因素，例如乳白色玻璃灯罩不但显得纯洁，而且反射出来的灯光也较柔和，有助于创造淡雅的环境气氛；色彩浓郁的透明玻璃灯罩，华丽大方，而且反射出来的灯光也显得绚丽多彩，有助于营造高贵、华丽的气氛。

△ 乳白色玻璃灯罩适合创造淡雅的环境氛围

三、窗帘色彩搭配

　　中性色调的室内空间中，为了使窗帘更具装饰效果，可采用色彩对比强烈的设计，改变房间的视觉效果；如果空间中已有色彩鲜明的装饰画或家具、饰品等，可以选择色彩素雅的窗帘。在所有的中性色系窗帘中，如果确实很难决定，那么灰色窗帘是一个不错的选择，比白色耐脏，比褐色更加明亮。

△ 运用对比色的手法搭配窗帘，让空间的氛围更加活泼

　　当地面同家具颜色对比度强的时候，可以地面颜色为中心选择窗帘；地面颜色同家具颜色对比度较弱时，可以家具颜色为中心选择窗帘。面积较小的房间就要选用不同于地面颜色的窗帘，否则会显得房间狭小。如果有些精装房中的地板颜色不够理想，建议窗帘选择和墙面相近的颜色，或者选择比墙壁颜色深一点的同色系颜色。例如浅咖也是一种常见墙色，那就可以选比浅咖深一点的浅褐色窗帘。

△ 选择比墙面颜色深一点的同色系颜色窗帘

四、地毯色彩搭配

只要是空间中已有的颜色，都可以作为地毯颜色，但还是应该尽量选择空间使用面积最大、最抢眼的颜色。地毯底色应与室内主色调相协调，家具、墙面的色彩最好与地毯的色彩相协调，不宜反差太大，要使人有舒适和谐的感觉。

在光线较暗的空间里选用浅色的地毯能使环境变得明亮，例如纯白色的长绒地毯与同色的沙发、茶几、台灯搭配，就会呈现出一种干净纯粹的氛围。即使家具颜色比较丰富，也可以选择白色地毯来平衡色彩。在光线充足、环境色偏浅的空间里选择深色的地毯，能使轻盈的空间变得厚重。例如面积不大的房间经常会选择浅色地板，正好搭配颜色深一点的地毯，会让整体风格显得更加沉稳。

△ 在黑白灰空间中，以地毯的色彩作为空间的视觉重心

△ 色彩与图案丰富的手工地毯成为空间的视觉重点

△ 光线充足、环境色偏浅的空间里适合选择深色的地毯

△ 现代风格空间中，黑白撞色的地毯更能表达出强烈的时尚气息

五、花艺色彩搭配

花艺讲究花材与花器之间的和谐之美，花材的颜色素雅，花器色彩不宜过于浓郁繁杂；花材的颜色艳丽繁茂，花器色彩可相对浓郁。

花艺的色彩不宜过多，一般以 1~3 种花色相配为宜。选用多色花材搭配时，一定要有主次之分，确定一主色调，切忌各色平均使用。除特殊需要外，一般花色搭配不宜用对比强烈的颜色。例如红、黄、蓝三色相配在一起，虽然很鲜艳、明亮，但容易刺眼，应当穿插一些复色花材或绿叶缓冲。如果不同花色相邻，应互有穿插呼应，以免显得孤立和生硬。

△ 选用多色花材搭配时，应确定好主次之分

六、装饰画色彩搭配

通常装饰画的色彩分为两块，一块是画框的颜色，另外一块是画芯的颜色。不管如何，画框和画芯的颜色之间总要有一个和房间内的沙发、桌子、地面或者墙面的颜色相协调，这样才能给人和谐舒适的视觉效果。最好的办法是装饰画色彩的主色从主要家具中提取，而点缀的辅色可以从饰品中提取。

装饰画的色彩要与室内空间的主色调进行搭配，一般情况下两者之间忌色彩对比过于强烈，也忌完全孤立，要尽量做到色彩的有机呼应。例如客厅装饰画可以沙发为中心，中性色和浅色沙发适合搭配暖色调的装饰画，红色、黄色等颜色比较鲜亮的沙发适合配以中性基调或相同相近色系的装饰画。

△ 从抱枕中提取装饰画的色彩，并通过纯度差异制造层次感

△ 从主要家具中提取装饰画的色彩，给人整体和谐的视觉效果

5

第 五 章

家居装修从入门到精通

设计实战指南

软装设计

家具摆设

一、沙发类家具

　　沙发作为最重要的家具之一，不仅是指在功能上重要，它在外形上对整个客厅空间风格都有至关重要的影响。沙发的尺寸是根据人体工程学确定的。通常单人沙发尺寸宽度为 80~95cm，双人沙发宽度尺寸为 160~180cm，三人沙发宽度尺寸为 210~240cm，深度一般都在 90cm 左右。沙发的座高应该与膝盖弯曲后的高度相符，才能让人感觉舒适，通常沙发座高应保持在 35~42cm。沙发按照高度可分为高背沙发、普通沙发和低背沙发三种类型。

低背沙发		靠背高度较低，一般距离座面 37cm 左右，靠背的角度也较小，不仅有利于休息，而且挪动比较方便、轻巧，占地较小
普通沙发		此类沙发靠背与座面的夹角很关键，沙发靠背与座面的夹角过大或过小都将造成使用者的腹部肌肉紧张，产生疲劳。同样，沙发座面的宽度也不宜过大，座面的宽度一般要求在 54cm 之内
高背沙发		特点是有三个支点，使人的腰、肩部、后脑同时靠在曲面靠背上，十分舒服。同时高背沙发由于其体量较传统沙发大，与传统型沙发放置在一起，能够很好地形成差异，增加家具间的层次感

沙发直接对着门的摆法很没有私密性，所以建议把沙发摆在门侧面。摆在窗户前面的沙发，可以稍微转换一下摆放角度，或者和窗户稍微错开一点，避免直接靠在窗户前面。如果沙发的一侧是窗户，可以使人在很好地利用自然光线的同时又不受阳光的困扰，是沙发在客厅中的最佳摆法。

◇ 沙发的常见摆设方案

I 形摆设		将沙发沿客厅的一面墙摆开呈一字状，前面放置茶几。这样的布局能节省空间，增加客厅活动范围，非常适合小户型空间。如果沙发旁有空余的地方，可以再搭配一到两个单椅或者摆上一张小角几
L 形摆设		先根据客厅实际长度选择双人或者三人沙发，再根据客厅实际宽度选择单人扶手沙发或者双人扶手沙发。茶几最好选择长方形的，角几和散件则可以灵活选择要或者不要
U 形摆设		U 形摆放的沙发一般适合面积在 40m² 以上的大客厅，而且需为周围留出足够的过道空间。一般由双人或三人沙发、单人椅、茶几构成，也可以选用两把扶手椅，要注意座位和茶几之间的距离
面对面形摆设		将客厅的两个沙发对着摆放，适合不爱看电视的居住者。如果客厅比较大，可选择两个比较厚重的大沙发对着摆放，再搭配两个同样比较厚实的脚凳
围合形摆设		以一张大沙发为主体，再为其搭配多把扶手椅，形成一个围合的方形。四面摆放的家具如三人／双人沙发、单人扶手沙发、扶手椅、躺椅、榻、矮边柜等，可根据实际需求随意搭配

二、床类家具

卧室的主要作用就是休息，所以睡眠区是卧室的重中之重，而睡眠区最主要的软装配饰就是床，它也是卧室空间中占据面积最大的家具。

◇ 床的常见类型

板式床		板式床是指基本材料采用人造板，使用五金件连接而成的家具，一般款式简洁，简约个性的床头比较节省空间。板式床的价格相对其他类型的床更便宜，而它的颜色和质地变化很多，可以给人以各种不同的感受，十分适合小居室
四柱床		四柱床能为整个房间带来典雅的氛围，它的体积比较大，一般多摆设在卧室中央，所以要有足够的空间才能衬托出气势。若是卧室面积小于 20m^2，或者层高不够的话，最好还是不要使用四柱床
雪橇床		起源于法国，发展到如今的雪橇床去除了繁复的雕花，重在表现床头靠背与床尾板的优美弧线，造型更为简洁明朗。弯曲度依照人体背部曲线设计，让睡前依靠床背阅读或看电视变得更为舒适

铁艺床		铁艺床最开始出现于欧洲的18世纪中后期，发展到现在依旧是许多设计师们打造田园风格或复古风格的理想之选，它不仅以牢固的材料加工制作而成，更装载着从古至今的艺术气息
圆床		圆床越来越受到很多年轻业主的喜爱，如果再配合圆形吊顶做呼应，比较别致。圆床占用的空间相比普通床来说更大一些，所以卧室空间要够大，否则摆进去会显得很局促

　　室内家具标准尺寸中，床的宽度和长度没有太大的标准规定，不过对于床的高度却是有一定的要求的，那就是从被褥面到地面之间的距离为44cm才属于一个健康的高度，因为如果床沿离地面过高或过低，都会使腿不能正常着地，时间长了以后腿部神经就会受到挤压。通常单人床的尺寸为90cm×190cm、120cm×200cm，双人床尺寸为150cm×200cm、180cm×200cm。

　　将床摆放在房间中间较为常见，位置确定后，先就床的侧边与床尾剩余空间宽度，来决定夜柜的摆放位置。床与夜柜之间要留出90cm左右的位置。空间较小的卧室，为了避免空间浪费。通常选择将床靠墙摆放。但如果床贴墙放的话，被子就容易从另一侧滑落，最好在床与墙之间留出10cm的空隙。

三、桌几类家具

◎ 餐桌

餐桌大多数的装饰点在桌脚，在选择的时候，注意观察桌脚是否与整个环境其他的家具的脚相融。现在有很多可拆分或者可伸缩的多功能桌子，能够根据使用人数来变换。

◇ 餐桌的常见类型

方形餐桌		方桌通常最符合多数空间的形状，可以提供最大的使用面积。76cm×76cm 和 107cm×76cm 的方形桌是常用的餐桌尺寸。如果椅子可伸入桌底，即便是很小的角落，也可以放一张六座位的餐桌，用餐时，只需把餐桌拉出一些就可以了
圆形餐桌		在一般中小型住宅中，如用直径120cm 的餐桌，常嫌过大，可定做一张直径114cm 的圆桌，同样可坐 8~9 人，但看起来空间较宽敞。如果用直径 90cm 以下的餐桌，虽可坐多人，但不宜摆放过多的固定椅子
吧台式餐桌		家庭人口不多的小户型空间中可以把厨房做成开放式的形式，再当吧台连接，充当餐桌的同时还可以有一个休闲的小角落，增加空间的实用性。吧台大小以能并肩坐下两个人为宜，高度要求在 1m 上下
伸展式餐桌		餐厅空间不足时，可伸展餐桌可以分别满足少人和多人就餐：当少人就餐时，普通的桌面可以容纳 4 个人吃饭；当有客人一同就餐时，打开桌子的伸展板，还可以成为多人就餐的长餐桌

大户型中的餐桌可考虑居中陈设，在考虑餐桌的尺寸时，还要考虑到餐桌离墙的距离，一般控制在 80cm 左右比较好，这个距离是包括把椅子拉出来，以及能使就餐的人方便活动的最小距离。有些小户型中，为了节省餐厅极其有限的空间，将餐桌靠墙摆放是一个很不错的方式，虽然少了一面摆放座椅的位置，但是却缩小了餐厅的范围，对于两口之家或三口之家来说已经足够了。

◎ 书桌

　　书桌的选择建议结合书房的格局来考虑。如果书房面积较小，可以考虑定制书桌，不仅自带强大的收纳功能，还可以最大程度地节省和利用空间；如果户型较大，独立的整张书桌则在使用上更为便利，整体感觉更大气。

◇ 书桌的常见类型

单人书桌		书房的空间是有限的，所以单人书桌的功能应以方便工作，容易找到经常使用的物品等实用功能为主。一般单人书桌的宽度在 55~70cm，高度在 75~85cm 比较合适
双人书桌		双人书桌可以给两个人提供同时学习或工作的机会，尺寸规格一般为 75cm×200cm。不同品牌和不同样式的双人书桌尺寸各不相同。也可以选择可根据自身需要而进行调整的双人书桌
现场制作书桌		很多小书房是利用阳台等角落空间设计的，很难买到尺寸合适的书桌和书柜，现场制作是一个不错的选择。如果选择现场制作书桌，可以考虑在桌面下方留两个小抽屉，这样很多零碎的小东西都可以收纳于此
组合式书桌		组合式书桌集合了书桌与书架两种家具的功能于一体，款式多样。大致分为两种类型：一类是书桌和书架连接在一起的组合，还有一类是书桌和书架不直接相连，而是通过组合的方式相搭配

悬空面板代替书桌		面积不大的书房可以考虑靠墙悬挑一块台面板代替写字桌的功能，会使整个空间显得比较宽敞。但是需要注意的是这种悬空的台面板最好不要过长。否则往往使用了一段时间以后会出现弯曲现象

　　书桌的摆设位置与窗户位置很有关系，一要考虑灯光的角度，二要考虑避免电脑屏幕的眩光。在一些小户型的书房中，将书桌摆设在靠墙的位置是比较节省空间的。面积比较大的书房中通常会把书桌居中放置，大方得体。

◎ 梳妆桌

　　梳妆桌是供梳妆美容使用的家具。在现代家庭中，梳妆桌往往可以兼具写字台、床头柜、边几等家具的功能。如果配以面积较大的镜子，梳妆桌还可扩大室内虚拟空间，从而进一步丰富室内环境。

◇ 梳妆桌的常见类型

独立式梳妆桌		即将梳妆桌单独设立，这样做比较灵活随意，装饰效果往往更为突出
组合式梳妆桌		是将梳妆桌与其他家具组合设置，这种方式适宜于空间不大的小家庭

　　梳妆桌的台面尺寸通常是 40cm×100cm，这样易于摆设化妆品，如果梳妆桌的尺寸太小，化妆品都摆放不下，会给使用上带来麻烦；梳妆桌的高度一般要在 70~75cm，这样的高度比较适合普通身高的使用者。

◎ 茶几

茶几的造型多种多样，就家用茶几而言，一般分为方形和圆形。方形茶几给人稳重实用的感觉，使用面积比较大，而且比较符合使用习惯，通常适合中式风格、美式风格、欧式风格家居空间。圆形茶几小巧灵动，更适合打造一个休闲空间。在北欧风、现代风以及简约风家居中，圆形茶几为首选。

茶几还分为双层和单层，如果有一对或几对单人位沙发，可以选单层茶几，不显得过于复杂和突兀。如果用双人沙发、三人沙发，并且茶几不单只想用来放放茶具、书籍等，还想让它更具实用功能，则可以选购双层、三层或带抽屉的茶几，等于为客厅多准备了一个收纳空间。

△ 方形茶几

△ 圆形茶几

茶几高度大多是 30~50cm，选择时要与沙发配套设置。茶几的长度为沙发的 5/7 到 3/4；宽度要比沙发多出 1/5 左右最为合适，这样才符合黄金比例。茶几摆设时要注意动线顺畅，与电视墙之间要留出 75~120cm 的走道宽度，与主沙发之间要保留 35~45cm 的距离，而 45cm 的距离是最为舒适的。

◎ 边几

边几是客厅中的常见家具，一般为正方形或者圆形，摆放在两个沙发之间，既可以在上面摆放一些小东西，也可以作为装饰元素。边几的主要作用是填补空间，小户型客厅中常以边几代替茶几放置台灯、手机、杂志报刊等物品。

储物型边几		带有明显的储物功能，抽屉可以摆放一些小的物件，台面位置无论是摆放精美台灯还是装饰花都是不错的选择，此类边几尺寸不宜过大，防止视觉效果过于笨重
装饰型边几		见于欧式风格或现代风格中，搭配一些装饰线条，可以将整个空间氛围表达得很好。此类边几的实用性没有储物型边几好，仅可用台面和中空部分，但其装饰效果却大于储物型边几

△ 边几可以填补客厅的死角，同时用来摆设台灯、插花及各类小摆件

 边几的摆设取决于空间的大小，通常桌面不应低于最近的沙发或椅子扶手 5cm，高度一般在 70cm 左右，不同高度可以搭配出不一样的效果。

四、柜类家具

◎ 电视柜

电视柜是客厅不可或缺的装饰部分，在风格上要与空间内的其他陈设保持协调一致。

◇ 电视柜的常见类型

矮柜式电视柜		矮柜式电视柜是家居生活中使用最多、最常见的电视柜，有很多种样式可供选择。矮柜式电视柜的储物空间几乎是全封闭的，而且方便移动，无论是放在客厅还是卧室中，只占据极少的空间就能起到很好的装饰效果
悬挂式电视柜		悬挂式电视柜最大的特点就是悬挂在墙上与背景墙融为一体，既节省了空间又增加了储物能力。但悬挂电视柜由于其空间特性，载重量不如立式电视柜。因而在悬挂式电视柜上最好不要摆放过多的饰品或者杂物
组合式电视柜		组合式电视柜可以和酒柜、装饰柜、地柜等家居柜子组合在一起，虽然比较占用空间，但具有更使用的收纳功能。可以采用定做组合柜的方式将客厅空间合理规划，使其面积得到最大化利用
隔断式电视柜		以隔断式的电视柜作为背景墙，既划分了功能区又与整个空间融为一体，隔而不断，可谓是个一举多得的布置，另外也在视觉上起到了扩容空间面积的作用

电视柜的尺寸要根据电视机的大小来决定。一般电视柜的长度要比电视机的宽度至少要长 2/3，这样才可以营造一种比较合适的视觉感，让人看电视时可以把注意力集中到电视机上面。通常电视柜的深度为 450~600cm，高度为 600~700cm。

◎ 餐柜

餐柜也是收纳柜中的一种，一般是放置在餐厅中，具有较大的储物空间，主要放置家中的一些碗碟筷、酒类、饮料类，以及临时放汤和菜肴用，也可以放置家中客人的各种小物件，方便日常存取。

◇ 餐柜的常见类型

低柜式餐柜		降低视觉重心的低矮度家具，具有放大空间的效果，使空间的视野更加开阔。这类餐柜的高度很适合放置在餐桌旁，柜面上的空间还可用来展示各类照片、摆件、餐具等
半高柜式餐柜		半高柜形式收放自如，中部可镂空，沿袭了低柜的台面功能，上柜一般做开放式比较方便常用物品的拿取
整墙式餐柜		一柜到顶的设计利用了整面墙，不浪费任何空间，大大增加收纳功能。上下封闭，中间镂空，根据需求可以有多种形式设计。空格的部分缓解了拥堵感，可以摆设旅游纪念品和小件饰品；其他的柜子部分能存放一些就餐需要的用品
隔断式餐柜		如果餐厅与外部空间相连，整体空间不够大，又希望把这两个功能区分隔开来，可以利用餐柜作为隔断，既省去了餐柜摆放空间，又让室内更具空间感与层次感，避免空间的浪费
嵌入式餐柜		嵌入式设计最能节省空间，把柜体嵌入进墙体，统一美观，或者把餐桌嵌入餐柜。如果客厅空余墙面有限或有凹位墙，可以选择这种类型的餐柜，占地面积有限，但是储物能力丝毫不差

餐柜的尺寸应根据餐厅的大小进行设计，长度可以根据需要制作，深度可以做到 40~60cm，高度 80cm 左右，或者可以做到高度 200cm 左右的高柜，又或者直接做到顶，增加储物收纳功能。

◎ 衣柜

无论是成品衣柜还是现场制作的衣柜，进深基本上都是 60cm。但若衣柜门板为滑动式，则需将门片厚度及轨道计算进去，此时衣柜深度应做到 70cm 比较合适。成品衣柜的高度一般为 240cm，现场制作的衣柜一般是做到顶，充分利用空间。

因为衣柜有单门衣柜、双门衣柜以及三门衣柜等分类，这些不同种类的衣柜的宽度肯定不一样，所以衣柜没有标准的宽度，具体要看所摆设墙面的大小，通常只有一个大概的宽度范围。例如单门衣柜的宽度一般为 0.5m，而双门衣柜的宽度则是在 1m 左右，三门衣柜的宽度则在 1.6m 左右。这个尺寸符合大多数家居衣柜摆放的要求，也不会由于占据空间过大而造成室内拥挤或是视觉上的突兀。常见衣柜类型有推拉门衣柜、平开门衣柜、折叠门衣柜以及开放式衣柜等。

推拉门衣柜		推拉门衣柜又分为内推拉门衣柜和外推拉门衣柜。内推拉门衣柜是将衣柜门安置于衣柜内，个性化较强烈，而且容易融入家居环境；外推拉门衣柜则相反是将衣柜门置于柜体外，可根据家居环境结构及个人的需求来量身定制
平开门衣柜		在传统的成品衣柜里比较常见，靠衣柜合页将门板与柜体连接起来。这类衣柜档次的高低主要是看门板用材、五金品质两方面，优点就是比推拉门衣柜价格便宜，缺点是比较占用空间
折叠门衣柜		折叠门在质量工艺上比推拉门要求高，所以好的折叠柜门在价格上也相对贵一些。这种门比平开门相对节省空间，又比推拉门有更多的开启空间，对衣柜里的衣物一目了然。一些田园风格的衣柜也经常以折叠门作为柜门
开放式衣柜		开放式衣柜的储存功能很强，而且比较方便，但是对于家居空间的整洁度也非常高。在设计时，要充分利用卧室空间的高度，要尽可能增加衣柜的可用空间，经常需要用到的物品最好放到随手可及的高度，换季物品应该储存在最顶部的隔板上

◎ 床头柜

如果床头柜放的东西不多，可以选择带单层的床头柜，不会占用多少空间。如果需要放很多东西，可以选择带有多个陈列格架的床头柜，陈列格架可以摆设很多饰品，同样也可以收纳书籍等其他物品，完全可以根据需要再去调整。如果房间面积小只想放一个床头柜，可以选择设计感强烈的款式，以减少单调感。

通常床头柜的大小是床的 1/7 左右，柜面的面积以能够摆放下台灯之后仍旧剩余 50% 为佳，这样的床头柜对于家庭来说才是最为合适的。床头柜常规的尺寸是宽度 40~60cm，深度30~45cm，高度则为 50~70cm，这个范围以内的是属于标准床头柜的尺寸大小。

△ 轻奢风格床头柜

△ 欧式风格床头柜

△ 简约风格床头柜

◎ 书柜

　　书柜在室内设计中已经不仅仅是放置书籍、杂志的地方，同时它还起到装饰的作用。设计书柜时，首先要考虑造型要怎么摆。造型又取决于空间的大小和居住者的需求。一般来说，通常将书柜造型分为三大类：一字形书柜、不规则形书柜、对称式书柜。

一字形书柜		这类书柜造型简单，由同一款式的柜体单元重复而成。这样的设计通常比较大气稳重，适合比较大、开放的空间，也适合用来营造居住者的文化品位
不规则形书柜		这类书柜的柜体布置不是对称的，可能通过柜层的高度、宽度不同，或者门板的设计不同来体现。这种书柜对空间大小没有特别的要求，大书柜做不规则设计显得前卫，小书柜不规则设计看起来比较灵活
对称形书柜		这类书柜通常有一个中轴线，成左右对称。这个中轴线可以是柜体本身，但多数情况下会是一张书桌。对称设计常在小空间中发挥优势，容易凸显秩序，又能更提高空间利用率

　　对于一般家庭，210cm 高度的书柜即可满足大多数人的需求；书柜的深度为 30~35cm，当书或杂志摆好时，这样的深度能留一些空间放些饰品；由于要受力，书柜的隔板最长不能超过 90cm，否则时间一长，容易弯曲变形。此外，隔板也需要加厚，最好在 2.5~3.5cm 之间。书架中一定要有一层的高度超过 32cm，才可摆放杂志等尺寸较大的书籍。

五、椅凳类家具

◎ 单椅

单椅一般是客厅家具的一部分，摆完沙发之后，通常就是单人椅的配置，因为单人椅能立即在空间内营造出不同个性。主要座位区范围里的每张椅子，都要放在手能伸到茶几或边桌的距离内。

长方形的客厅内，单椅可以放置在沙发的左右两侧，但若左侧是门的入口，建议不要摆放单椅。正方形的客厅内，单椅摆放时只要不挡住动线就可以，可按照三角形的方式和单人沙发、长沙发一起摆放，单椅、单人沙发甚至跨出客厅空间的框线都不要紧。

单椅可以选择与沙发不同的颜色和材质，装点客厅彩度，活泼氛围。中小户型客厅中最常用的形式是一字形沙发配两张单椅，而且两张单椅也不要一样。

△ 单人椅通常选择与沙发不同的颜色和材质

△ Y形椅

△ 贝壳椅

△ 正方形客厅中，单人椅与沙发、茶几呈三角形布置

◎ 餐椅

餐椅的造型及色彩要尽量与餐桌相协调。餐椅一般不设扶手，这样在用餐时会有随便自在的感觉。但也有在较正式的场合或显示主座时使用带扶手的餐椅，以展现庄重的气氛。

餐椅如果选择扶手，在就餐时可将胳膊放在上面，感觉会更舒适，如果餐厅空间较大，这是个比较好的选择。但注意如果餐厅较小，就要确认扶手是不是会碰到桌面，如果碰到桌面的话，无法将餐椅推到桌子下面，就会更占用空间，不宜选择。

 空间足够大的独立式餐厅，可以选择比较有厚重感的餐椅与空间相匹配。中小户型中的餐厅如果要增加储物能力，同时又希望营造别样的就餐氛围，可以考虑用卡座的形式替换掉部分的餐椅。

△ 带有扶手的餐椅适合展现庄重的气氛

△ 根据圆弧形墙面现场定制的餐椅

△ 用卡座的形式替换掉部分的餐椅，增加收纳性

◎ 吧椅

吧椅一般可分为有旋转角度与调节作用的中轴式钢管椅和固定式高脚木制吧椅两类，在选购吧椅时，要考虑它的材质和外观，并且还要注意它的高度与吧台高度的搭配。吧椅的样式虽然多种多样，但是尺寸相差都不是很大。一般可升降的吧椅可升降的范围是在 0~20cm 之间，具体根据个人的喜好来定。但是有时会因为环境的需要选择没有升降功能的吧椅，一般吧椅高度都是在 60~80cm 之间，吧椅面与吧台面应保持 25cm 左右的落差。

吧椅与吧台下端落脚处，应设有支撑脚部的东西，如钢管、不锈钢管或台阶等，以便放脚。另外，较高的吧椅宜选择带有靠背的形式，能带来更舒适的享受。

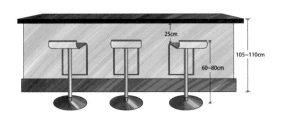

△ 吧椅常规尺寸

△ 常见吧椅款式

△ 北欧风格木质吧椅

△ 轻奢风格金属吧椅

◎ 床尾凳

床尾凳的外形是一种没有靠背的坐具，一般摆放在卧室睡床的尾部，具有起居收纳等作用，最初源自于西方，供贵族起床后坐着换鞋使用，因此它在欧式的室内设计中非常常见，适合在主卧等开间较大的房间中使用。

床尾凳的尺寸通常要根据卧室床的大小来决定，高度一般跟床头柜齐高，宽度很多情况下与床宽不相称。但如果使用者是为了方便起居的话，那选择与床宽相称的床尾凳比较合适。如果单纯将床尾凳作为一个装饰品，那么选择一款符合卧室装修风格的床尾凳即可，对尺寸则没有具体要求。床尾凳常规尺寸一般在 1200mm×400mm×480mm 左右，也有 1210mm×500mm×500mm 以及 1200mm×420mm×427mm 的尺寸。

△ 床尾凳在具有仪式感的卧室空间中较为常见，实用的同时富有装饰性

照明灯具

一、照明光源种类

室内照明按照光源划分比较常见的有：白炽灯、卤钨灯、荧光灯、LED 灯、汞灯、钠灯等。由于发光原理及结构上的不同，各类光源所带来的照明效果有所差异，在使用上也各有利弊，因此在设计室内灯饰前，充分了解各种光源的性能以及特点是极为必要的。

白炽灯		色光最接近于太阳光色，通用性大，具有定向、散射、漫射等多种发光形式，并且能加强物体的立体感
卤钨灯		是灯泡内填充了卤族元素或卤化物的充气白炽灯，有着显色性好、制造简单、成本低廉、亮度容易调整和控制等优点
荧光灯		属于低压汞灯，也称日光灯，可分为传统型荧光灯和无极荧光灯两大类，具有耗电少，光感柔和，大面积泛光功能性强的特点
LED 灯		是传统光源使用寿命的 10 倍以上。而且同样瓦数的 LED 灯所需电力只有白炽灯的 1/10，因此 LED 灯具的出现，极大地降低了照明所需要的电力
汞灯		是利用汞放电时，产生蒸气候，获得可见光的一种气体放电光源，在通常情况下，又将汞灯分为低压汞灯、高压汞灯及超高压汞灯三种
钠灯		是利用钠蒸气放电产生可见光的电光源，属于高强度气体放电灯泡，可分为低压钠灯和高压钠灯

二、常见照明方式

照明方式指的是使用不同的灯具来调控光线延伸的方向及其照明范围。依照不同的设计方法，可初步分为直接照明与间接照明，但在应用上又可细分成半直接照明、半间接照明以及漫射型照明。一个空间中可以运用不同配光方案来交错设计出自己需要的光线氛围，照明效果主要取决于灯具的设计样式和灯罩的材质。在购买灯具前，首先要在脑海中构想自己想要营造的照明氛围，最好在展示间确认灯具的实际照明效果。

直接照明		所有光线向下投射，适用于想要强调室内某处的场合，但容易将吊顶与房间的角落衬托得过暗
半直接照明		大部分光线向下投射，小部分光线通过透光性的灯罩，投射向吊顶。这种形式可以缓解吊顶与房间角落过暗的现象
间接照明		先将所有的光线投射到吊顶上，再通过其反射光来照亮空间，不会使人炫目的同时容易创造出温和的氛围
半间接照明		通过向吊顶照射的光线反射，再加上小部分通过灯罩透出的光线向下投射，这种照明方式显得较为柔和
漫射型照明		利用透光的灯罩将光线均匀地漫射至需要光源的平面，照亮整个房间。相比前几种照明方式，更适合于宽敞的空间使用

三、灯具功能分类

吊灯		◎烛台吊灯的灵感来自欧洲古典的烛台照明方式 ◎水晶吊灯是吊灯中应用最广的，在风格上包括欧式水晶吊灯、现代水晶吊灯两种类型 ◎中式吊灯给人一种沉稳舒适之感，能让人们从浮躁的情绪中回归到宁静 ◎吊扇灯与铁艺材质的吊灯比较贴近自然，所以常被用在乡村风格当中
吸顶灯		吸顶灯适用于层高较低的空间，或是兼有会客功能的多功能房间。与其他灯具一样，制作吸顶灯的材料很多，有塑料、玻璃、金属、陶瓷等。吸顶灯根据使用光源的不同，可分为普通白炽吸顶灯、荧光吸顶灯、高强度气体放电灯、卤钨灯等
筒灯		筒灯的所有光线都向下投射，属于直接配光。根据安装方式的不同，筒灯分为内嵌式筒灯和外露式筒灯两种。内嵌式筒灯多隐藏于吊顶内部或家具之中，尺寸较多，可根据实际面积进行选择；外露式筒灯直接安装于墙面，省去原有的开孔环节，具有可调节性
射灯		射灯的光线具有方向性，而且在传播过程中光损较小，将其光线投射在摆件、挂件、挂画等软装饰品上，可以让装饰效果得到完美的提升。而且还能达到重点突出、层次丰富、气氛浓郁、缤纷多彩的艺术效果。此外，射灯也可以设置在玄关、过道等地方作为辅助照明

壁灯		壁灯的投光可以是向上或者向下，它们可以随意固定在任何一面需要光源的墙上，并且占用的空间较小，因此普遍性比较高。如果家居空间足够大，壁灯就有了较强的发挥余地，最好是和射灯、筒灯、吊灯等同时运用，相互补充
台灯		台灯主要放在写字台、边几或床头柜上作为书写阅读之用。大多数台灯是由灯座和灯罩两部分组成，一般灯座由陶瓷、石质等材料制作成，灯罩常用玻璃、金属、亚克力、布艺、竹藤做成
地脚灯		地脚灯又可称为入墙灯，一般作为室内的辅助照明工具，如去卫生间，夜晚如果开普通灯会影响别人休息，而地脚灯光线较弱，安装位置较低，因此不会对他人造成影响。地脚灯在夜间提供基本照明的同时，还具有一定营造空间气氛的作用
落地灯		落地灯常用作局部照明，不讲究全面性，而强调移动的便利，善于营造角落气氛。落地灯一般布置在客厅和休息区域里，与沙发、茶几配合使用，以满足房间局部照明和点缀装饰家庭环境的需求，但要注意不能置放在高大家具旁或妨碍活动的区域里

四、灯具材质分类

水晶灯		水晶灯是指由水晶材料制作成的灯具，主要由金属支架、蜡烛、天然水晶或石英坠饰等共同构成，由于天然水晶的成本太高，如今越来越多的水晶灯原料为人造水晶，世界上第一盏人造水晶的灯具为法国籍意大利人 Bernardo Perotto 于 1673 年创制
铜灯		铜灯是指以铜作为主要材料的灯具，包含紫铜和黄铜两种材质。铜灯是使用寿命最长久的灯具，处处透露着高贵典雅，是一种非常贵族的灯具。铜灯的流行主要是因为其具有质感、美观的特点，而且一盏优质的铜灯是具有收藏价值的
铁艺灯		传统的铁艺灯基本上都是起源于西方，在中世纪的欧洲教堂和皇室宫殿中，因为最早的灯泡还没有发明出来，所以用铁艺做成灯饰外壳的铁艺烛台灯绝对是贵族的不二选择。随着灯泡的出现，欧式古典的铁艺烛台灯不断发展，它们依然采用传统古典的铁艺但是灯源却由原来的蜡烛变成了用电源照明的灯泡，形成更为漂亮的欧式铁艺灯
树脂灯		树脂灯是指使用树脂塑成各种不同的形态造型，再装上其他零件的灯具。树脂灯的可塑性非常强，如同橡皮泥可随意捏造，所以用树脂制造的灯具具有造型丰富、生动、有趣等特点。此外，树脂原料价格相对便宜，制造工艺也简单，所以在价格上也会有很大优势
陶瓷灯		最早的陶瓷灯是指宫廷里面用于保护蜡烛灯火的罩子，近代发展成瓷器底座。陶瓷灯的灯罩上面往往绘以美丽的花纹图案，装饰性极强。因为其他款式的灯具做工比较复杂，不能使用陶瓷，所以常见的陶瓷灯以台灯居多

木质灯		木质比塑料、金属等材料更为环保、柔和。搭配以木材为原材料制作的灯具，能为室内空间增加几分自然清新的气息。此外，木材具有易于雕刻的特性，因此可让木质灯具实现多种设计创意，比如利用圆形镂空的木头作为灯具的灯罩，既精美又实用
纸灯		纸灯的优点是重量较轻、光线柔和、安装方便而且容易更换等。纸质灯造型多种多样，可以跟很多风格搭配出不同效果，一般多以组群形式悬挂，大小不一错落有致，极具创意和装饰性
玻璃灯		玻璃灯的种类及形式都非常丰富，因此为整体搭配提供了很大的选择范围。如果是单纯作为室内照明，可选择透明度高的纯色玻璃灯，不仅大方美观，而且也能提供很好的照度。如需利用玻璃灯作为室内的装饰灯具，则可以选择彩色的玻璃灯
布艺灯		将布艺运用在灯具上的设计形式由来已久，并且造型及风格也越来越丰富。布艺灯的灯身常用木质、铁艺等打造出各种形状，再配以不同颜色、不同花色、不同质地的布料及装饰花边，用手工编制，或配以不同形状、不同色彩的水晶作装饰，从而形成了千姿百态的布艺灯
藤艺灯		藤灯的灯架以及灯罩都是由藤材料制成，灯光透过藤缝投射出来，斑驳陆离，美不胜收。藤灯不仅可以用于家居照明，同时也是极具艺术美感的装饰品

窗帘布艺

一、窗帘布艺材质

窗帘布艺按面料可分为棉质、纱质、丝质、亚麻、雪尼尔、植绒、人造纤维等。棉、麻是窗帘布艺常用的材料，易于洗涤和更换。一般丝质、绸缎等材质比较高档，价格相对较高。

棉质窗帘		棉质属于天然的材质，由天然棉花纺织而成，吸水性、透气性佳，触感很棒，染色色泽鲜艳。缺点是容易缩水，不耐于阳光照射，长时间下棉质布料较于其他布料更容易受损
亚麻窗帘		通常有粗麻和细麻之分，粗麻风格粗犷，而细麻则相对细腻一点。亚麻制作的窗帘有着天然纤维富有的自然质感，染色不易，所以天然麻布可选的颜色通常很少。亚麻窗帘的设计搭配多偏向于自然风格的装饰，例如小清新风格等
纱质窗帘		纱质窗帘装饰性强，透光性能好，能增强室内的纵深感，一般适合在客厅或阳台使用。但是纱质窗帘遮光能力弱，不适合在卧室使用

丝质窗帘		丝质属于纯天然材质，是由蚕茧抽丝做成的织品。其特点是光鲜亮丽，触感滑顺，十分具有贵气的感觉。但是纯丝绸价格较昂贵，现在市面上有较多混合丝绸，功能性强，使用寿命长，价格也更便宜一些
雪尼尔窗帘		雪尼尔窗帘有很多优点，不仅具有本身材质的优良特性，而且表面的花型有凹凸感，立体感强，整体看上去高档华丽，在家居环境中拥有极佳的装饰性，散发着典雅高贵的气质
植绒窗帘		很多别墅空间想营造奢华艳丽的感觉，而又不想选择价格较贵的丝质、雪尼尔面料，可以考虑价格相对适中的植绒面料。植绒窗帘手感好，挡光度好，缺点是特别容易挂尘吸灰，洗后容易缩水，适合干洗
人造纤维窗帘		目前在窗帘材质里是运用最广泛的材质，功能性超强，如耐日晒、不易变形、耐摩擦、染色性佳等

二、窗帘布艺款式

窗帘分为成品帘和布艺帘，成品帘包含卷帘、折帘、日夜帘、蜂窝帘、百叶帘等；布艺帘分为横向开启帘和纵向开启帘。

◎ 横向开启帘

横向开启帘分为最常见百搭的平拉式窗帘和较为普遍的掀帘式窗帘，其中平拉式窗帘比较随意，使用灵活，适合绝大多数窗户。

◆ 平拉式窗帘

平拉式是常见的窗帘样式，分为一侧平拉式和双侧平拉式。这种款式比较简洁，所以在价格方面也更节省。由于其样式单一，采用独特的款式能产生赏心悦目的视觉效果，像是带有荷叶边的飘逸材质，或是有韵律感的图案。

◆ 掀帘式窗帘

掀帘式窗帘这种形式也较为常见。在窗帘或高或低的部位系一个绳结，既可以起到装饰作用，又可以把窗帘掀向两侧，形成漂亮的弧线和一种对称美，尽显家的柔美气质。

◎ 纵向开启帘

纵向开启帘又分为罗马帘、奥地利帘、气球帘和抽拉抽带帘。

◆ 罗马帘

罗马帘分为单幅的折叠帘和多幅并挂的组合帘，雍容华贵、造型别致、升降自如、使用简便是罗马帘的主要特点。其中扇形罗马帘适用于咖啡厅、餐厅，矩形罗马帘适用于办公室、书房。

◆ 奥地利帘

奥地利帘形态比较规整，帘体两端收拢，呈现出来一种浪漫婉约的仪式感，是现代比较流行的窗帘，具有飘逸的花式和纹理，非常适合有女性主人的家居装扮。它能够做成大型的垂帘，营造浪漫、温馨的室内氛围。

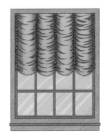

◆ 气球帘

气球帘和奥地利帘一样，帘体背面固定套环，通过绳索套串实现上下移动，但是较之奥地利帘更为休闲随意，呈现出来一种随性闲适的美感。帘体两端很随意地下垂，褶皱也很自然，而不是像奥地利帘那样很严谨的排布。

◆ 抽拉抽带帘

这类窗帘是在窗帘的中央用绳索向上拉的款式，窗帘的下摆处随着织物的柔软度产生自然随意的造型，适应于窄而高的窗户，但是由于抽带固定不是很灵活，开启和闭合都不方便，多用于装饰性的空间。

三、窗帘布艺与窗型搭配

◆ 落地窗

　　落地窗的窗帘选择，以平拉帘或者水波帘为主，也可以两者搭配。如果有些是多边形落地窗，窗幔的设计以连续性打褶为首选，能非常好地将几个面连贯在一起，避免水波造型分布不均的尴尬。

◆ 飘窗

　　功能性飘窗以上下开启的窗帘款式为上选，如罗马帘、气球帘、奥地利帘等。此类窗帘款式开启灵活，安装和开启的位置小，能节约出更多的使用空间。如果飘窗较宽，可以做几幅单独的窗帘组合成的一组，并使用连续的帘盒或大型的花式帘头将各幅窗帘连为整体。

◆ 转角窗

　　通常将窗帘在转角的位置上分成两幅或多幅，或需要定制有转角的窗帘杆，使窗帘可以流畅地拉动。还有一种简单省钱的方法是，根据窗帘的尺寸做几幅独立的上下开关式样的窗帘或者卷帘。这种方法应注意窗帘之间的接缝有可能不能完全闭合。

◆ 挑高窗

挑高窗从顶部到地面为5~6m，上下窗通常合为一体，多出现别墅空间中。窗帘款式要突显房间、窗型的宏伟磅礴、豪华大气，配窗幔效果会更佳，窗帘层次也要丰富。因为窗户过高，较为适合安装电动轨道。

◆ 拱形窗

拱形窗的窗帘要根据窗户的特点来设计。以比较小的拱形窗为例，上半部圆弧形部分可以用棉布做出自然褶度的异型窗帘，以魔术贴固定在窗框上，拆卸清洗均十分方便，这种款式小巧精致，装饰性很强。

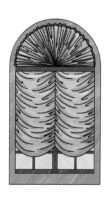

◆ 窄而高的窗型

窄而高的窗型突出的是高挑与简练，窗幔尽可能避免繁复的水波设计，以免制造臃肿与局促的视觉感受。窗帘的花纹可以选择横向的，这样能够拉宽视觉效果。规格上选择长度刚过窗台的窗帘，并向两侧伸过窗框，尽量暴露最大的窗幅。

◆ 宽而短的窗型

如果没有暖气片的影响，选用单层或双层的落地窗帘效果最好，规格上可选长帘，让帘身紧贴窗框，遮掩窗框宽度，弥补长度的不足。如果这种窗户是在餐厅或厨房的位置，可以考虑在窗帘里加做一层半窗式的小遮帘，以增加生活的趣味。

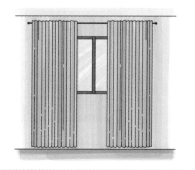

四、不同空间窗帘搭配方案

客厅窗帘		客厅窗帘的色彩和材质都应尽量选择与沙发相协调的面料，以达到整体氛围的统一。现代风格客厅最好选择轻柔的布质类面料；欧式风格客厅可选用柔滑的丝质面料。如果客厅空间很大，可选择风格华贵且质感厚重的窗帘，例如绸缎、植绒面料等
卧室窗帘		卧室窗帘的色彩、图案需要与床品相协调，以达到与整体装饰相协调的目的。通常遮光性是选购卧室窗帘的第一要素，棉、麻质地或者是植绒、丝绸等面料的窗帘遮光性都不错
儿童房窗帘		出于对孩子安全健康的考虑，儿童房的窗帘应该经常换洗，所以应选择棉、麻这类便于洗涤更换的窗帘。常见的儿童房窗帘图案有卡通类、花纹类、趣味类等。卡通类的窗帘上通常印有儿童较喜欢的卡通人物或者图案等，色彩艳丽，形象活泼

书房窗帘		首先要考虑窗帘的色彩不能太过艳丽，否则会影响读书的注意力，同时长期用眼容易疲劳，所以在色彩上要考虑那些能缓解视力疲劳的自然色，给人以舒适的视觉感
餐厅窗帘		餐厅位置如果不受曝晒，一般有一层薄纱即可。窗纱、印花卷帘、阳光帘均为上佳选择。当然如果做罗马帘的话会显得更有档次
厨房窗帘		设计时可将厨房窗户分为三等分，上下透光，中间拦腰悬挂上一抹横向的小窗帘，或者中间透光，上下两边安装窗帘。这样一来，不仅保证厨房空间具有充足的光线，同时又阻隔了外界的视线，不做饭的时候就可以放下来，达到了美化厨房的作用
卫浴间窗帘		通常以安装百叶窗为主，既方便透光，还能有效保护隐私；上卷帘或侧卷帘的窗帘除了防水功能之外，还有花样繁多、尺寸随意的特点，也特别适合卫浴间使用。也有不少家庭会在卫浴间里安装纱帘，虽然纱帘很薄，但其遮光功能还是较好的

地毯搭配

一、常见地毯材质

　　地毯的材质很多，即使使用同一制造方法生产出的地毯，也会由于使用原料、绒头的形式、绒高、手感、组织及密度等因素的不同，生产出不同外观效果的地毯。最好根据每种地毯材质的优缺点，综合评估不同材质的性价比，然后根据装饰需要选择物美价廉的地毯。

纯毛地毯		纯毛地毯一般以绵羊毛为原料编织而成，价格相对比较昂贵。纯毛地毯通常多用于卧室或更衣室等私密空间，比较清洁，也可以赤脚踩在地毯上，脚感非常舒适
混纺地毯		由纯毛地毯中加入了一定比例的化学纤维制成。在花色、质地、手感方面与纯毛地毯差别不大。装饰性不亚于纯毛地毯，且克服了纯毛地毯不耐虫蛀的特点
化纤地毯		分为两种，一种使用面主要是聚丙烯，背衬为防滑橡胶，价格与纯棉地毯差不多，但花样品种更多；另一种是仿雪尼尔簇绒系列纯棉地毯，形式与其类似，只是材料换成了化纤，价格便宜，但容易起静电
真皮地毯		一般指皮毛一体的地毯，例如牛皮、马皮、羊皮等，使用真皮地毯能让空间具有奢华感。此外，真皮地毯由于价格昂贵，还具有很高的收藏价值
麻质地毯		分为粗麻地毯、细麻地毯以及剑麻地毯等，是一种具有自然感和清凉感的材质，是乡村风格家居最好的烘托元素，能给居室营造出一种质朴的感觉

二、不同空间地毯搭配方案

在现代家居生活之中，地毯的应用十分广泛，在客厅、卧室、书房以及卫浴间中都很常见。地毯的种类很多，但并不是所有的地毯都能用在任何一个地方，根据适用空间的不同，所选用的地毯也是不同的。

◆ 客厅地毯

如果布艺沙发有多种颜色，而且比较花，可以选择单色无图案的地毯样式。这种情况是从沙发上选择一种面积较大的颜色，作为地毯的颜色。如果沙发颜色比较单一，而墙面为某种鲜艳的颜色，则可以选择条纹或自己十分喜爱的图案，颜色的搭配以比例大的同类色作为主色调。

◆ 卧室地毯

卧室区的地毯以实用性和舒适性为主，宜选择花型较小，搭配得当的地毯图案，视觉上安静、温馨，同时色彩要考虑和家具的整体协调，材质上羊毛地毯和真丝地毯是首选。

◆ 餐厅地毯

作为餐厅的地毯，实用性是首要的，可选择平织的或者短绒地毯。它能保证椅子不会因为过于柔软的地毯而不稳，也能因为较为粗糙的质地而更耐用。一些质地蓬松的地毯还是比较适合起居室和卧室。

◆ 玄关地毯

在玄关铺地毯也是常见选择。由于玄关地面使用频率高，一般可以选择腈纶、仿丝等化纤地毯，这类地毯价格适中，耐磨损，保养方便。玄关地毯背部应有防滑垫或胶质网布，以防滑倒。

◆ 厨房地毯

在厨房中放置颜色较深的地毯，或者面积较小的地毯，不仅解决了清洁的问题，还为普通的厨房增色不少。但要注意放在厨房的地毯必须防滑，同时如果能吸水最佳，最好选择底部带有防滑颗粒的类型，不仅防滑，还能很好地保护地毯。

◆ 卫浴间地毯

由于卫浴间比较潮湿，放置地毯主要是为了起到吸水功效，所以应选择棉质或超细纤维地垫，其中尤以超细纤维材质为佳，在出浴后直接踩在上面，不但吸水快，而且触感十分舒适。

装饰画搭配

一、装饰画类型

装饰画主要分为印刷画、定制手绘画和实物装裱三大类。

◆ 印刷画

印刷画里含有成品的画芯。画芯品质不论高低，均统称为印刷画。设计师先根据整体方案选择装裱的卡纸以及相应风格的画芯，然后对画芯、卡纸及画框进行装裱。

◆ 定制手绘画

定制手绘画多种多样，包括国画、水墨画、工笔画、油画等，这些各式各样的画品都属于手绘类的不同表现形式。

◆ 实物装裱画

实物装裱画也称装置艺术。比如平时看到的一些工艺画品，它的画面是由许许多多金属小零件或陶瓷碎片组成的。实物装裱首先需要制作实物画芯，画品设计师要排列画面里的所有材料，然后进行粘贴或者是一些其他工艺的加工，制作结束之后再完成装裱。

二、装饰画画框材料

装饰画的画框材质多样，有实木画框、聚氨酯塑料发泡画框、金属画框等，具体根据实际的需要搭配。一般来说，实木画框适合水墨国画，造型复杂的画框适用于厚重的油画，现代画选择直线条的简单画框。

不同风格的装饰画会选择不同的画框。通常经典、厚重或者华丽的风格需要质感和形状都很突出的画框来衬托，而现代极简一类的风格，往往需要弱化画框的作用，给人以简洁的印象。对于内容比较轻松愉悦的装饰画而言，细框是最合适不过的选择。混搭风格的空间，对于画框的限制比较小，可以采用不同材质的组合，例如雕花画框和光面画框的组合，有框和无框的组合。

△ 实木画框

△ 发泡画框

△ 金属画框

三、装饰画悬挂尺寸

通常人站立时视线的平行高度或者略低的位置是装饰画的最佳观赏高度。所以单独一幅装饰画不要贴着吊顶之下悬挂，即使这就是观者的水平视线，也不要挂在这个位置，否则会让空间显得很压抑。餐厅中的装饰画要挂得低一点，因为一般都是坐着吃饭，视平线会降低。

如果是两幅一组的挂画，中心间距最好是在 7~8cm。这样才能让人觉得这两幅画是一组画。眼睛看到这面墙，只有一个视觉焦点。

如果在空白墙上挂画，挂画高度最好就是画面中心位置距地面 1.5m 处。有时装饰画的高度还要根据周围摆件来决定，一般要求摆件的高度和面积不超过装饰画的 1/3 为宜，并且不能遮挡画面的主要表现点。

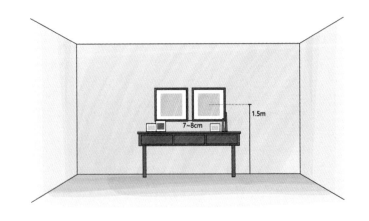
△ 装饰画悬挂尺寸

四、装饰画数量选择

如果所选装饰画的尺寸很大，或者需要重点展示某幅画作，又或是想形成大面积留白且焦点集中的视觉效果时，都适宜采用单幅悬挂法，要注意所在墙面一定要够开阔，避免形成拥挤的感觉。例如在客厅、玄关等墙面挂上一幅装饰画，把整个墙面作为背景，让装饰画成为视觉的中心。不过除非是一幅遮盖住整个墙面的装饰画，否则就要注意画面与墙面之间的比例要适当，左右上下一定要适当留白。

如果想要在空间中挂多幅装饰画，应考虑画和画之间的距离，两个相同的装饰画之间距离一定要保持一致，但是不要太过于规则，还需要保持一定的错落感。一般多为2~4幅装饰画以横向或纵向的形式均匀对称分布，画框的尺寸、样式、色彩通常是统一的，画面内容最好选设计好的固定套系。如果想单选画芯搭配，一定要放在一起比对是否协调。

△ 利用单幅装饰画作为空间的视觉中心

△ 悬挂多幅装饰画除了注意画面内容的统一之外，还应考虑画和画之间的距离

 如果是悬挂大小不一的多幅装饰画的话，不是以画作的底部或顶部为水平标准，而是以画作中心为水平标准。当然同等高度和大小的装饰画就没有那么多限制了，整齐对称排列就好。

五、装饰画悬挂方案

◆ 对称挂法

　　对称挂法多为 2~4 幅装饰画以轴心线为准，采用横向或纵向的形式均匀对称分布，画与画之间的间距最好小于单幅画的 1/5，达到视觉上的平衡效果。画框的尺寸、样式以及色彩通常是统一的，画面最好选择同一色调或是同一系列的内容，这种方式比较保守，不易出错。

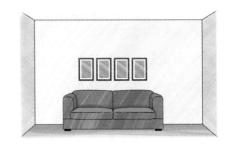

◆ 连排式挂法

　　3 幅或以上的画作平行连续排列，上下齐平，间距相同，一行或多行均可，画框和装裱方式通常是统一的，6 幅组、8 幅组或 9 幅组时，最好选择成品组合。而单行多幅连排时画芯内容可灵活些，但要保持画框的统一性，以加强连排的节奏感，适合过道这样的狭长空间。

◆ 中线挂法

　　让上下两排大小不一的装饰画集中在一条水平线上，随意感较强。画面内容最好表达同一主题，并采用统一样式和颜色的画框，整体装饰效果更好。选择尺寸时，要注意整体墙面的左右平衡，可以以单排挂画的中心所在线为标准。

◆ 水平线挂法

◎ 上水平线挂法是将画框的上缘保持在一条水平线上，形成一种将画悬挂在一条笔直绳子上的视觉效果。

◎ 下水平线挂法是指无论装饰画如何错落，所有画框的底线都保持在同一水平线上，相对于上水平线齐平法，这种排列的视觉稳定性更好，因此画框和画芯可以多些变化。

◆ 混搭式挂法

将装饰画与饰品混搭排列成方框是一种时尚且启发创意的方式，具体可根据个人爱好选择饰品，但注意不要太重，以免发生掉落。排列组合的方式与装饰画的挂法相同，只不过把其中的部分画作用饰品替代而已。这样的组合适用于墙面和周边比较简洁的环境，否则会显得杂乱。

◆ 搁板陈列法

利用墙面搁板展示装饰画更加方便，可以在搁板的数量和排列上做变化，例如选择单层搁板、多层搁板整齐排列或错落排列。注意搁板的承重有限，更适宜展示多幅轻盈的小画。此外搁板上最好要有沟槽或者遮挡条，以免画框滑落伤到人。

第六节	**装饰品搭配**

一、装饰挂盘

装饰挂盘上墙一般有规则排列和不规则排列两种装饰手法。当挂盘数量多、形状不一、内容各异时，可以选择不规则排列方式。建议先在平地上设计挂盘的悬挂位置和整体形状，再将其贴到墙面上。当挂盘数量不多、形状相同时，适合采用规则排列的手法。

◆ 纯色挂盘

简单素雅的纯色挂盘不仅仅只有白色，还有多种丰富的花色可供选择，其中形状和大小的搭配也是值得注意的要素。

◆ 青花挂盘

青花挂盘更有年代感和文化韵味，仿佛能够感受到中国瓷器的兴盛，但又能打破传统技艺，添加新的富有生命力的内容。

◆ **炫彩挂盘**

炫彩挂盘顾名思义就是在颜色和图案比较大胆，类似于妆容上的"浓妆艳抹"，特别适合年轻居住者的墙面装饰，富有活力。

◆ **手绘挂盘**

如果想拥有自己喜欢颜色的盘子，但又找不到合适的颜色，可以用手绘的方式自己动手操作。作画的工具可以是马克笔，也可以用丙烯颜料，这些工具在一般的文具店都可以买到。

二、装饰镜

装饰镜是墙面装饰中非常重要的一种艺术表现形式，但很多人对装饰镜的用途还停留在它最原始的功能上，其实在家居空间中，不同的造型和边框材质的装饰镜也有其独特的装饰作用。铁框、皮质以及各种自然材质等多种多样的装饰镜框，圆形、方形、多边形等多变的表现形式，融合着不同的风格，丰富了装饰镜的艺术形象。而镜面的材料也由玻璃镀银镜、仿古镜、磨边镜等代替金、银、水晶、青铜等古老的镜面材料。装饰镜主要分为有框镜和无框镜两种类型，其中无框镜更适合现代简约的装饰风格。

家居空间的装饰镜有圆形、方形、多边形以及不规则形等各种各样的造型，每一种形状都有它的独特性，每一种款式都会产生独特的视觉效果。

◆ 圆形装饰镜

　　圆形装饰镜有正圆形与椭圆形两种。简单镜框的圆形装饰镜让空间有一种简洁明了的氛围，而增加花边镜框修饰的圆形装饰镜则显得艺术感十足。椭圆形装饰镜更注重实用，并且通常人们选择椭圆形以获得美丽的曲线和方便的功能，因为其形状节省空间并且可以反映全高度。

◆ 方形装饰镜

　　方形的装饰镜可以是纯粹的装饰性或功能性的。长矩形镜具有最大反射面积，可用于装饰和反射。许多场合都能见到这种形状的装饰镜，容易与周围环境相搭配，适合现代简约风格空间。

◆ 多边形装饰镜

　　多边形装饰镜棱角分明，线条不失美观，整体风格较为简约现代，是除了方形装饰镜外不错的选择。有的多边形装饰镜带有金属镶边，增添了一些奢华感。

◆ 不规则形装饰镜

　　不规则形状的装饰镜相比圆形装饰镜更加的艺术化，并且发挥想象的空间更大，渲染的空间氛围也更加的强烈。

　　一般来说，装饰镜的最小宽度应为 0.5m，大型的装饰镜宽度可以是 1.7 ~1.9m。如果想要将装饰镜作为装饰物体和焦点时，应该挂在地板以上至少 1.5m 处。小装饰镜或一组小装饰镜中心应处于眼睛水平的高度，太高或者太低都可能影响到日常的使用。观看装饰镜的推荐距离约为 1.5m，此外要避免将人造灯直接照向装饰镜。

◆ 客厅装饰镜

在欧式风格的客厅空间中，常常会在壁炉的上方，或者沙发背景墙上悬挂华丽的装饰镜，以提升空间的古典气质。而一些客厅比较狭长的户型，在侧面的墙上挂装饰镜，可以在视觉上起到横向扩容的效果，让空间显得更为宽敞。

◆ 卧室装饰镜

卧室中的装饰镜除了可以用作穿衣镜，还能起到放大空间的作用，从而化解了狭小卧室的压迫感。还可以在卧室的墙面上设计一组小型装饰镜，既有扩大空间的效果，又能使卧室的装饰更具个性。

◆ 餐厅装饰镜

装饰镜可以照射到餐桌上的食物，能够刺激用餐者的味觉神经，让人食欲大增，因此是非常适合运用在餐厅空间的装饰元素。此外，装饰镜还是新古典、中式、欧式以及现代风格餐厅中的常用软装元素，可以有效提升空间的艺术氛围。

◆ 过道装饰镜

在过道的一侧墙面上安装大面装饰镜，既显美观，又可以提升空间感与明亮度，最重要的是能缓解狭长形过道带给人的不适与局促感。需要注意的是，过道中的装饰镜宜选择大块面的造型，横竖均可，面积太小的装饰镜起不到扩大空间的效果。

◆ 卫浴间装饰镜

装饰镜作为卫浴间墙面的必需品，功能作用似乎占了主导，因此很多人往往忽视了它的装饰性与空间效果。其实，只要经过巧妙的设计，镜面可以给卫浴间带来意想不到的装饰效果。卫浴间中的装饰镜通常安装在盥洗台的上方，美化环境的同时，还方便整理仪容。

三、花器与花艺

◎ 花器材质类型

花器的材质种类很多，常见的有陶瓷、金属、玻璃、木质等材质。在布置花艺时，要根据不同的场合、不同的设计目的和用途来选择合适的花器。

◆ 玻璃花器

玻璃花器分为透明、磨砂和水晶刻花等几种类型。如果单纯为了花艺用，选择透明或磨砂的就可以，因为观花是目的，花器只是花艺用的工具。刻花的水晶玻璃花瓶，除可用来插花外，其本身就是艺术品，具有极强的观赏性，但价格昂贵。

◆ 陶瓷花器

陶瓷花器为陶质和瓷质花器的统称，是使用历史最为悠久的花器之一。瓷器的种类多受传统影响，极少创新。相对而言，陶器的品种极为丰富，既可作为家居陈设，又可作为花艺用的器饰。在装饰方法上，有浮雕，开光，点彩，青花，叶络纹、釉下刷花、铁锈花和窑变釉等几十种之多。

◆ 金属花器

金属花器是指由铜、铁、银、锡等金属材料制成的花器。金属花器的可塑性非常出色，不论纯金属或以不同比例**熔**铸的合成金属，只要加上镀金、雾面或磨光处理，以及各种色彩的搭配，就能呈现出各种不同的效果。

◆ 木质花器

木质花器颜色朴实厚实，经常被用于衬托颜色不那么显眼的植物。很多木质的花器都很有造型感，木头的纹理也很有自然美感，因此只需要少量的花材就能与木质的花器一起打造一个令人感觉舒适的小角落。

◆ 草编花器

草编花器是由草制成的花器。由于草是自然植物，所以编织出来的花器拥有一种自然的风情，适合北欧风格或田园风格。草编花器的种类多种多样，一般要做防水处理。如果用来装饰干花也会有意想不到的效果。

◎ 花艺材质类型

花艺代表着美与生命力，装饰作用之外能给人带来愉悦之感。花艺材料可以分为鲜花类、干花类、仿真花等。

◆ 鲜花类

鲜花类是自然界有生命的植物材料，包括鲜花、切叶、新鲜水果。鲜花色彩亮丽，且植物本身的光合作用能够净化空气，花香味同样能给人愉快的感受，充满大自然最本质的气息，但是鲜花类保存时间短，而且成本较高。

◆ 干花类

干花类是利用新鲜的植物，经过加工制作，做成的可长期存放、有独特风格的花艺装饰，干花一般保留了新鲜植物的香气，同时保持了植物原有的色泽和形态。与鲜花相比，能长期保存，但是缺少生命力，色泽感较差。

◆ 仿真花

仿真花是使用布料、塑料、网纱等材料，模仿鲜花制作的人造花。仿真花能再现鲜花的美，价格实惠并且保存持久，但是并没有鲜花类与干花类的大自然香气。

◎ 不同空间花艺搭配

花艺作为软装配饰的一种，不但可以丰富装饰效果，同时作为空间情调的调节剂也是一种不错的选择。有的花艺代表高贵，有的花艺代表热情，利用好不同的花艺就能创造出不同的空间情调。

◆ 客厅花艺

客厅能布置花艺的地方很多，以沙发为基点，周围的茶几、桌子、电视柜、窗台、壁炉等都是展现插花的理想位置。其中客厅的壁炉上方是花器摆放的绝佳地点，成组的摆放应注意高低起伏、错落有致。此外，还可以在客厅落地窗边放上大型的吉祥植株，如幸福树、发财树等。

◆ 餐厅花艺

餐厅花艺应根据餐桌大小而定。一般来讲，双人和四人桌，以小型花器为主，用一至几朵花，再点缀少许绿叶即可。十人或十人以上的餐桌，则可以选用多种形式，去丰富餐桌的留白区域。一般可以西式花艺为主，也可以设置微景观，增加用餐的趣味性。

◆ 书房花艺

如果书房面积较小，就可以选择花器体积较小，花束较小的插花，以免产生拥挤的感觉。如在小巧的花器中插一两枝色淡形雅的花枝。面积大的书房可以选用那些体积大、有气势的花器。比如落地陶瓷花器。

◆ 玄关花艺

玄关处的花艺作品通常较为小巧，是镜子或是装饰画旁的点睛之笔。通常偏暖色的插花可以让人一进门就心情愉悦。另外还要考虑光线的强弱。如果光线较暗，除了应选用耐阴植物或者仿真花、干枝之外，还要选择鲜艳亮丽、色彩饱和度高的插花，营造一种喜庆的氛围。

◆ 卧室花艺

卧室中的花艺应有助于创造一种轻松的气氛，以便帮助居住者尽快恢复一天的疲劳。花材色彩不宜选择鲜艳的红色、橘色等刺激性过强的颜色，应当选择色调纯洁、质感温馨的浅色系插花，与玻璃花瓶组合则清新浪漫，与陶瓷花瓶搭配则安静脱俗。

◆ 厨房花艺

厨房中的花器尽量选择表面容易清洁的材质，插花尽量以让人感觉清新的浅色为主，设计时可选用水果蔬菜等食材搭配。厨房摆放的花艺要远离灶台、抽油烟机等位置，以免受到温度过高的影响，同时还要注意及时通风，给插花一个空气质量良好的空间。

◆ 卫浴间花艺

卫浴间的面积较小，可摆放一些不占地方的体态玲珑的插花，显得干净清爽。盥洗台上可以添置几个花架，摆上花艺后能让卫浴间花香四溢，生机盎然。卫浴间应挑选耐阴、耐潮的植物，如蕨类、绿萝、常春藤等，或根据空间的风格选择仿真花卉植物。

四、软装工艺品

◎ 软装工艺品材质类型

软装工艺品因材质类别、工艺复杂程度等不同，价格上显得千差万别。通常软装饰品按照材质可分为木质饰品、陶瓷饰品、金属饰品、水晶饰品、树脂饰品等。

◆ **木质工艺品**

木质工艺品具有大小随意、造型多变、便于取材与设计等特点，一般田园风格的家居比较适合用木本色饰品来烘托，而宫廷风格的家居更适合选用造型独特、做工精致、木质感强的木质饰品。

◆ **陶瓷工艺品**

陶瓷工艺品大多制作精美，即使是近现代的陶瓷工艺品也具有极高的艺术收藏价值。例如陶将军罐、陶瓷台灯以及青花瓷摆件是中式风格软装中的重要组成部分。

◆ **金属工艺品**

金属工艺品是指用金、银、铜、铁锡、铝、合金等材料或以金属为主要材料加工而成的工艺品，风格和造型可以随意定制，例如铁艺鸟笼、组合型的金属烛台以及金属座钟等。

◆ **水晶工艺品**

水晶工艺品的特点是玲珑剔透、造型多姿，如果再配合灯光的运用，会显得更加透明晶莹，大大增强室内感染力，例如水晶烛台、水晶地球仪以及水晶台灯等。

◆ **树脂工艺品**

树脂可塑性好，可以被任意塑造成动物、人物、卡通等形象，而且在价格上非常具有竞争优势。例如做旧工艺的麋鹿、小鸟、羚羊等动物造型的工艺品可给室内增加乡村自然的氛围。

一般来说，中式风格空间可以搭配木材、瓷器类的软装饰品，而现代风格空间最好选择玻璃、金属、石材等材质的软装饰品。也可以根据装饰要求，在同一种风格空间中，组合搭配多种材质的软装饰品，为室内空间带来更加丰富的装饰效果。

◎ 不同空间的软装工艺品搭配

工艺品摆件由于其材质的多样性、造型的灵活性及无限的创意性往往能为家居空间增姿添彩，可以很好地彰显居住者的品位，但往往不同功能空间选择与布置工艺品的技巧也各不相同。

◆ 客厅工艺品摆件

现代简约风格客厅应尽量挑选一些造型简洁的高纯度饱和色的摆件；新古典风格的客厅可以选择烛台、金属台灯等；乡村风格客厅经常摆设仿古做旧的工艺饰品，如表面做旧的铁艺座钟、仿旧的陶瓷摆件等；新中式风格客厅中，鼓凳、将军罐、鸟笼以及一些实木摆件能增加空间的中式禅味。

◆ 玄关工艺品摆件

把玄关的工艺品摆件与花艺搭配，打造一个主题，是常用的设计手法，例如在中式风格中，花艺加鸟形饰品组成花鸟主题，让人感受鸟语花香、自然清新的气氛。此外，玄关的工艺品摆件数量不能太多，一两个高低错落摆放，形成三角构图最显别致巧妙。

◆ 餐厅工艺品摆件

餐厅工艺品摆件的主要功能是烘托就餐氛围，餐桌、餐边柜甚至墙面搁板上都是饰品的好去处。花器、烛台、仿真盆栽以及一些创意铁艺小酒架等都是不错的搭配。

◆ 厨房工艺品摆件

选择厨房的工艺品摆件时尽量照顾到实用性，要考虑在美观基础上的清洁问题，还要尽量考虑防火和防潮，玻璃、陶瓷一类的工艺品摆件是首选，容易生锈的金属类摆件尽量少选。此外，厨房中许多形状不一，采用草编或是木制的小垫子，如果设计得好，也会是很好的装饰物。

◆ 过道工艺品摆件

过道工艺品摆件的数量不用太多，以免引起视觉混乱。工艺品摆件颜色、材质的选择跟家具、装饰画相呼应，造型以简单大方为佳。因为过道是经常来去活动的地方，所以工艺品摆件的摆放位置要注意安全稳定，并且注意避免阻挡空间的活动线。

◆ 卧室工艺品摆件

卧室的工艺品摆件不宜过多，除了装饰画、花艺，点缀一些首饰盒、小工艺品摆件就能让空间提升氛围。也可在床头柜上放一组照片配合花艺、台灯，能让卧室倍添温馨。

◆ 书房工艺品摆件

现代风格书房在选择软装工艺品摆件时，要求少而精，适当搭配灯光效果更佳；新古典风格书房中可以选择金属书挡、不锈钢烛台等摆件。书房同时也是一个收藏区域，工艺品摆件以收藏品为主也是一个不错的方法。

◆ 卫浴间工艺品摆件

卫浴间中的水汽和潮气很多，所以通常选择陶瓷和树脂材质的工艺品摆件，这类装饰品不会因为受潮而褪色变形，而且清洁起来也很方便。除了一些装饰性的花器、梳妆镜之外，比较常见的是洗漱套件，既具有美观出彩的设计，同时还可以满足收纳所需。

软装工艺品挂件可以随时更换，立即改变空间氛围，起到补充、点缀墙面的效果。因材质、造型、色彩、尺寸上的差异，不同的功能空间适合装饰不同的工艺品挂件。

◆ 客厅工艺品挂件

美式乡村风格客厅中通常会有老照片、装饰羚羊头挂件；工业风客厅中常常出现齿轮造型的挂件；在现代风格客厅中，金属挂件是一个非常不错的选择；小鸟、荷叶以及池鱼元素的陶瓷挂件则适合出现在中式风格的客厅背景墙上。

◆ 卧室工艺品挂件

扇子是古时候文人墨客的一种身份象征，有着吉祥的寓意。圆形的扇子饰品配上长长的流苏和玉佩，是装饰卧室背景墙的最佳选择。别致的树枝造型的挂件有多种材质，例如陶瓷加铁艺，还有纯铜加镜面等，相对于挂画更加新颖，富有创意，给人耳目一新的视觉体验。

◆ 餐厅工艺品挂件

餐厅如果是开放式空间，应该注意软装配饰在空间上的连贯、色彩与材质上的呼应，并协调局部空间的气氛。例如餐具的材料如果是带金色的，在工艺品挂件中加入同样的色彩，有利于空间氛围的营造与视觉感的流畅。

◆ 儿童房工艺品挂件

　　儿童房墙面上可以是儿童喜欢的或引发想象力的装饰，如儿童玩具、动漫童话挂件、小动物或小昆虫挂件、树木造型挂件等。也可以根据儿童的性别选择不同格调的工艺品挂件，鼓励儿童多思考、多接触自然 。

◆ 茶室工艺品挂件

　　茶室工艺品挂件的选择宜精致而有艺术内涵，例如一些具有自然和缓格调的、带有山水的艺术元素，如莲叶、池鱼、流水等，与茶室文化气质相呼应。

◆ 卫浴间工艺品挂件

　　卫浴间光线较其他地方小且光线偏暗，湿度大，装饰画不利于保存，选择防水耐湿材料的立体挂件来装饰更合适，为保持卫浴间整洁干净的格调，具有自然气息的挂件会让空间氛围更加轻松愉悦。